ECKHARD BENDIN

OTTO PRASE

1874–1956

FAVORITEN PRESSE

PIONIER DER FARBSYSTEMATIK

Vorwort

Der 150. Geburtstag von Otto Prase – eines heute fast vergessenen Handwerksmeisters der Lukasgilde der Maler und Lackierer – erschien als willkommener Anlass, in einer Hommage das außergewöhnliche Wirken jenes Pioniers der Farbsystematik zu würdigen.

Auch wenn dieses Büchlein hierfür an Umfang und Ausstattung eher bescheiden daherkommt, möchte es dazu beitragen, das Leben und Werk des begabten Autodidakten etwas aus dem Schatten hervortreten und nicht weiter der Vergessenheit anheimfallen zu lassen. Man kann Otto Prases Leistungen – zeitweise an der Seite des angesehenen Farbkartenherstellers Paul Baumann – heute aus historischer Perspektive neu bewerten und durchaus in eine Reihe stellen mit denen namhafterer Wegbereiter der Systematik der Farben wie Albert Henry Munsell oder Wilhelm Ostwald. Ein besonderes Anliegen sah der Herausgeber darin, Prases Leistungen im Spiegel seiner nachgelassenen «Lebenserinnerungen» – eingeordnet in den Strom und die Nöte seiner Zeit – transparent und verständlich zu machen (Pos. I.2 bis I.4).

Für die hilfreiche Bereitstellung von Informationen gilt mein besonderer Dank den Nachkommen von Otto Prase und Paul Baumann, namentlich Dorothea (†), Magdalena (†), Frank ud Tilo Prase, sowie Ururenkel Björn Prase, ebenso Hansuwe Baumann, einem der Enkel von Paul Baumann, mit dem mich über Jahrzehnte freundschaftlicher Austausch verbindet. Für Unterstützungen dankbar bin ich auch dem Kreisarchiv Aue-Schwarzenberg und dem Stadtarchiv Lößnitz, ebenso Herrn Frieder Heinz, ehem. Geschäftsführer der PGH Farbe und Raum Aue, und Herrn Reinhard Sander, Inhaber der Fa. Farben-Schröder in Ilmenau. Für manche Anregung und hilfreiche Zuarbeiten danke ich insbesondere auch meinem langjährigen «Farbenfreund» Andreas Schwarz.

Dass dieses Buch nun seinen Weg finden kann, verdanke ich auch dem Entgegenkommen des Verlegers Bodo von Hodenberg, der Gestaltung durch Christin Albert und dem Lektorat von Karolin Leyendecker.

Eckhard Bendin

Inhalt

TEIL I
Die «Lebenserinnerungen» von Otto Prase

Aus den Lebenserinnerungen eines alten Malermeisters.
Unveröffentlichtes Fragment von Otto Prase, undatiert.
Mit Anmerkungen, Bildergänzungen und einem Nachwort des Herausgebers

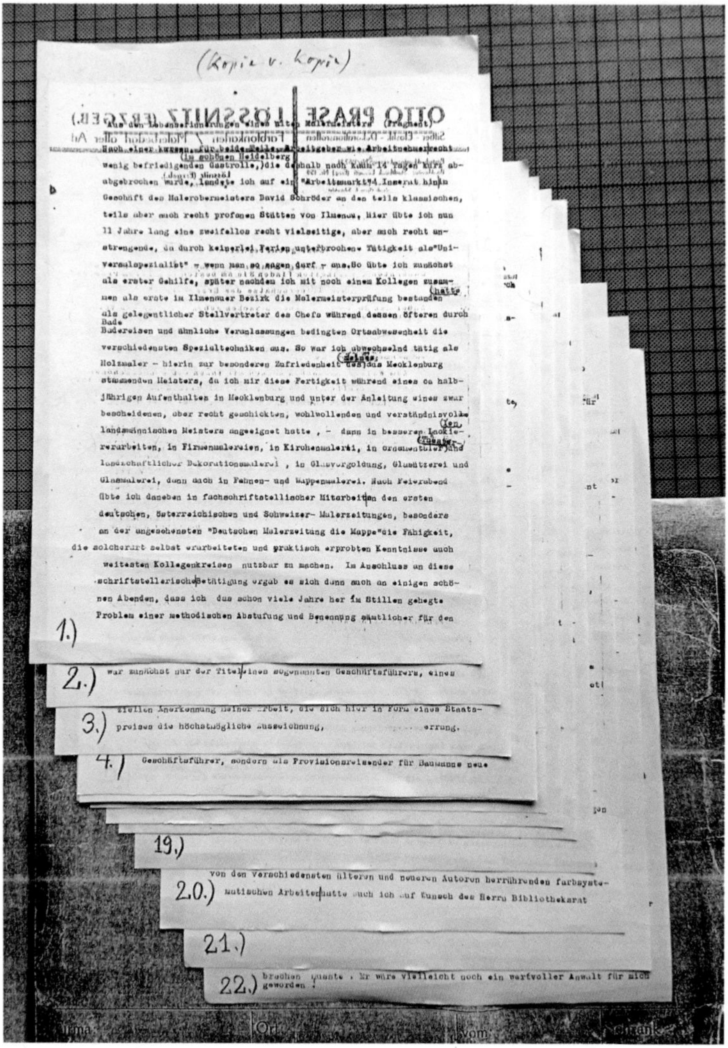

Vorbemerkung des Herausgebers:
Diese 22 maschinengeschriebenen Seiten schrieb Otto Prase vermutlich 1954 nieder – also zwei Jahre vor seinem Tod – und kennzeichnete sie als «Fragment». Sie blieben bisher unveröffentlicht und sind uns heute ein beeindruckendes persönliches Zeugnis des unermüdlichen Wirkens eines begabten Praktikers an seiner Lebensaufgabe, der gewerblichen Praxis von Malern und Grafikern systematische Grundlagen an die Hand zu geben.

I.1 Aus den Lebenserinnerungen eines alten Malermeisters. (Fragment; Originalabschrift in damaliger Rechtschreibung)

Nach einer kurzen, für beide Teile – Arbeitgeber wie Arbeitnehmer – wenig befriedigenden Gastrolle im schönen Heidelberg, die deshalb nach kaum 14 Tagen kurz abgebrochen wurde, landete ich auf ein Arbeitsmarkt-Inserat hin im Geschäft des Malerobermeister David Schröder[1] an den teils klassischen, teils aber auch recht profanen Stätten von Ilmenau. Hier übte ich nun 11 Jahre lang eine zweifellos recht vielseitige, aber auch recht anstrengende, da durch keinerlei Ferien unterbrochene Tätigkeit als „Universalspezialist" – wenn man so sagen darf – aus.

So übte ich zunächst als erster Gehilfe, später nachdem ich mit noch einem Kollegen zusammen als erste im Ilmenauer Bezirk die Malermeisterprüfung bestanden hatte als gelegentlicher Stellvertreter des Chefs während dessen öfteren durch Badereisen und ähnlichen Veranlassungen bedingten Ortsabwesenheit die verschiedensten Spezialtechniken aus. So war ich abwechselnd tätig als Holzmaler – hierin zur besonderen Zufriedenheit meines aus Mecklenburg stammenden Meisters, da ich mir diese Fertigkeit während eines ca. halbjährigen Aufenthaltes in Mecklenburg und unter Anleitung eines zwar bescheidenen, aber recht geschickten wohlwollenden und verständnisvollen landsmännischen Meisters angeeignet hatte – dann in besseren Lackiererarbeiten, in Firmenmalereien, in Kirchenmalerei, in ornamentaler Theater- und landschaftlicher Dekorationsmalerei, in Glasvergoldung, Glasätzerei und Glasmalerei, dann auch in Fahnen- und Wappenmalerei.

Nach Feierabend übte ich daneben in fachschriftstellerischer Mitarbeit an den ersten deutschen, österreichischen und Schweizer-Malerzeitungen, besonders an der angesehensten "Deutschen Malerzeitung die Mappe"[2] die Fähigkeit, die solcherart selbst erarbeiteten und praktisch erprobten Kenntnisse auch weitesten Kollegenkreisen nutzbar zu machen.

Im Anschluss an die schriftstellerische Betätigung ergab es sich dann auch an einigen schönen Abenden, dass ich das schon viele Jahre her im Stillen gehegte Problem einer methodischen Abstufung und Benennung sämtlicher für den gewerblichen Maler von Wichtigkeit erscheinenden und mit den üblichen Malerfarben darstellbaren Farbenabstufungen zunächst überwiegend von der theoretischen Seite her in Angriff nahm. Wohl hatte ich bis dahin hauptsächlich aus einer billig gewordenen Ausgabe des grossen Meyerschen Lexikons, aus den Jahren 1893 bis etwa 1903 stammend eine ziemlich flüchtige Kenntnis von der Young-Helmholtzschen Farbenlehre, von Brückes Physiologie der Farben und von der Heringschen Farbenlehre gewonnen. Auch die „Praktische Farbenharmonie" des gut und viel schreibenden, mir einige Jahre vorher persönlich bekannt gewordenen Schriftleiters Cornelius Hebing von der Deutschen Malerzeitung und die grosszügige und geschickte Reklame, welche etwa um das Jahr 1903 die Firma Paul Baumann[3] in Aue im Erzgebirge für ihre Farbtonkarte machte, trug dazu bei, mein Interesse für die Fragen der Farbensystematik wach zu erhalten.

Reifliches Nachdenken bestärkte jedoch in mir die Überzeugung, dass all dieses keine ideale Lösung des Problems Farbenordnung bedeuten könne, und so legte ich erstmals im Sommer 1910 die mir richtig erscheinenden Grundzüge einer Farbenordnung und Benennung in einer längeren, im Sommer 1910 in der „Mappe" zum Abdruck gelangten Abhandlung die Grundzüge nieder, wie ich mir die Lösung des betr. Problems gedacht hatte[4], ohne dass mir jedoch zunächst aus Kollegenkreisen oder gar aus wissenschaftlichen Kreisen ein Echo meiner Anregungen vernehmbar geworden wäre.

Sollte mein jüngstes Geisteskind sich nicht als eine Totgeburt erweisen, musste ich mich baldigst nach einem Geburtshelfer umtun, und als solcher schien mir der oben erwähnte Malermeister Paul Baumann in Aue geeignet zu sein. Allerdings erwies sich nach langen brieflichen und persönlichen Vorverhandlungen die Lösung dieser Frage auch als eine recht harte Nuss, trotzdem kam es im April 1911 so weit, dass ich die Schiffe hinter mir verbrannte, meine verhältnismässig sichere Ilmenauer Stelle in Stich liess und mich in das Abenteuer einer recht unsicheren Erfindertätigkeit stürzte.[5] Der recht fragwürdige Hauptgewinn hierbei war zunächst nur der Titel eines sogenannten Geschäftsführers, eines Führers freilich, der herzlich wenig zu melden und zu führen hatte, dem nicht einmal die Lehrlinge widerspruchslos zu gehorchen hatten, der dafür aber selbst unzweckmässige Anordnungen eines weit weniger fachkundigen, als repräsentativen Arbeitgebers ausführen musste.

Zudem zeigte es sich sehr bald, dass die vorher vielgerühmte Baumannsche Farbtonkarte bei oberflächlicher Betrachtung wohl für das Auge ein ganz angenehmes Bild ergab, dass ihr jedoch irgend ein methodischer Wert keineswegs beigelegt werden konnte[6] und dass ihre Herstellung in einer geradezu kindlich primitiven Weise erfolgte, dass ich alle Voraussetzungen für eine rationelle Fabrikation einer Farbtonkarte, angefangen vom Farbenmischen bis zum Streichen, Trocknen und Bedrucken selbst schaffen und ausprobieren musste. Das einzig gute, was ich bei meinem Eintritt vorhanden fand, war eine Reklame, die jedoch von vornherein zu ganz falschen Schlussfolgerungen über den sachlichen Wert der bis dahin fabrizierten Farbtonkarten selbst verleiten musste.

Trotz aller Hindernisse und oft ganz unerwarteten Schwierigkeiten war fast ausschliesslich durch meine eigene Arbeit nach reichlich halbjähriger Arbeit eine Farbtonkarte geschaffen worden, die als rationelle Grundlage der weiteren Arbeit im Grossen dienen konnte, und nach der sich mit einiger Sicherheit sagen liess, an welchen Stellen noch Änderungen, Verbesserungen und Ergänzungen sich notwendig machen würden. Das wurde im Laufe der Jahre unter meiner Leitung und nach meinen Angaben gründlich berücksichtigt, sodass bereits die erste Ausstellung von Baumann – Prases Neuer Farbtonkarte[7] auf dem Internationalen Kunstkongress in Dresden im Sommer 1912 wenn auch kein überwältigender finanzieller, so doch ein durchaus ehrenvoller Erfolg für meine Arbeit wurde.

Einen weiteren Erfolg brachte im folgenden Jahre die Internationale Baufachausstellung 1913 (IBA) in Leipzig, gleichzeitig mit der ersten offiziellen Anerkennung meiner Arbeit, die sich hier in Form eines Staatspreises die höchstmögliche Auszeichnung errang. Wars auch nur der Staatspreis des recht kleinen Fürstentums Reuss ältere Linie, so musste man demgegenüber auch bedenken, dass die Firma Baumann zu den sicherlich ganz respektablen Ausstellungskosten nur durch die sehr bescheidene Platzmiete für einen recht kleinen Ausstellungsstand beigetragen hatte, sich auch keineswegs durch eine luxuriöse Ausstattung dieses Standes in Unkosten gestürzt hatte. Der einzige Luxus, den sie sich geleistet hatte, war der, dass sie mir Gelegenheit gab, in den Tagen der Prämierung der für diese Abteilung zuständigen Kommission mit einer sach- und fachkundigen Erläuterung des Ausstellungsobjektes und des Problems, welchem dies Objekt dienen sollte, an die Hand zu gehen. Wenige Tage vorher hatte ich überdies auch die Ehre gehabt, einen der Erzväter der wissenschaftlichen Farbenlehre, den Leiter des Physiologischen Institutes der Universität Leipzig, Herrn Geheimrat Prof. Dr. Hering[8], an unserem Stand begrüssen und ihm die notwendigen Erläuterungen geben zu können.

Eine Einladung, ihn und seinen Universitätsmechaniker im Institut aufzusuchen, wo ich mich dann nach Entgegennahme einer ganz beachtlichen Bestellung verabschieden konnte, war eine recht erfreuliche geschäftliche Folge unserer Begegnung. Während der Ausstellungsdauer besuchte ich gleichzeitig die bekanntesten Leipziger Malermeister und Architekten, sowie Schulen und Baubehörden, wo ich überall, von wenigen Ausnahmen abgesehen, wohlwollende Aufnahme und willige Käufer für die verschiedenen Ausgaben meiner Werke fand. In gleicher Weise hatte ich übrigens auch im vorhergehenden Jahr während der Kunstkongressausstellung in Dresden die wichtigsten Interessenten und präsumptiven Käufer durch persönliche Besuche mehr oder weniger erfreut und dadurch zur Senkung des durch mich veranlassten Unkostenkontos der Firma Baumann beigetragen.

Trotzdem sah sich Herr Paul Baumann veranlasst, mir unmittelbar nachdem die Nachricht von der Leipziger Prämierung eingegangen war, die weniger erfreuliche Mitteilung zu verkünden, dass ich hinfort nicht mehr als Geschäftsführer, sondern als Provisionsreisender für Baumanns neue Farbtonkarte tätig sein sollte. – Der Mohr hat seine Schuldigkeit getan, der Mohr kann gehen.[9]

Doch muss ich, um nicht ungerecht zu sein, einschalten, dass nach dem, was ich jetzt weiss, vielleicht akute oder gar chronische finanzielle Kurzatmigkeit des mich recht eigenartig berührenden Ausdrucks der Anerkennung war. Nun, ich befand mich etwa in der gleichen Lage wie ein Nichtschwimmer, der unverhofft ins Wasser geworfen wird – entweder er ersäuft, oder er lernt doch noch in aller Eile das Schwimmen. Da ich nicht ersoffen bin, scheint es, als ob meine Schwimmkünste doch zur Not genügt haben mussten, wenn sie auch, abgesehen von den unglückseligen Inflationsjahren, nicht ausreichten, mich zum Millionär zu machen.

Die Werkbundausstellung in Köln[10] im Jahr 1914 führte mich in die altehrwürdige rheinische Zentrale, brachte mir jedoch keine nennenswerten Fortschritte meiner Interessen, zumal dann der Ausbruch des ersten Weltkrieges alle Hoffnungen für einen friedlich-wissenschaftlichen Fortschritt zu Schanden machte. Vorher hatte ich jedoch noch Gelegenheit, durch eine angenehme Maifahrt rhein- und lahnaufwärts über Bonn, Koblenz bis Giessen die geschäftliche Kölner Scharte etwas auszuwetzen. Besonders die westdeutsche heutige Hauptstadt brachte mir u.a. durch den Bonner Kunstgelehrten Prof. Dr. Clemen[11] auch noch einen wertvollen Beweis für die praktische Brauchbarkeit meines Farbensystems für kunstwissenschaftliche Zwecke.

Mit dem bald darauf folgenden Kriegsausbruch war natürlich jede Möglichkeit zur Förderung meiner spezialwissenschaftlichen Angelegenheiten lahm gelegt, und ich musste froh sein, bei den Maler- und Anstricharbeiten des Neubaues des Bezirksstiftes in Schwarzenberg-Neuwelt schlecht und recht Unterschlupf als Maler-, richtiger ausgedrückt, Anstreichergehilfe zu finden. Meine vielseitigen Spezialkenntnisse und Fertigkeiten nützten mir dabei nur herzlich wenig, sie waren mir im Gegenteil beim Wettbewerb mit den Durchschnittsmalern, die ich neben mir und – cum grano salis! – zum Teil unter mir hatte, nur hinderlich.

So kams denn, wie es kommen musste. Ein ausgiebiger Krach mit meinem Herrn Baumann – übrigens wohl der einzige richtige Krach, den ich mir in meinem ganzen Leben leistete – einem erwünschten Spektakelstück für die ganze Baugenossenschaft brachte mir zwar nicht die mit fast 100-prozentiger Wahrscheinlichkeit erwartete sofortige Entlassung. Im Gegenteil diese erstreckte sich nur auf die Mehrzahl der Ohrenzeugen des Krachs unter meinen mehr oder weniger lieben Kollegen, während ich etwa vierzehn Tage später still und friedlich verblühen konnte, als die betreffende Arbeit restlos beendet war.

Im Anschluss hieran suchte und fand ich in Chemnitz in verschiedenen Durchschnittsmalerwerkstätten Durchschnittsmalerarbeiten, bei denen ich jedoch in keiner Weise Gelegenheit hatte, meine über dem Durchschnitt stehenden Leistungen unter Beweis stellen zu können. Die Aufgabe, eine wanzenverseuchte Schlafkammer wanzenfrei zu machen, erschien mir damals als eine so ungebührliche Zumutung, dass ich lieber Kurzschluss machte, und dass es einem meiner in der gleichen Werkstatt mir unter dem Spitznamen „der Hungerkünstler“

bekannt gewordenen, Kollegen leicht fiel, ihm an seine Arbeitsstelle bei einem ganz kleinen obendrein recht finanzschwachen Malermeister nachzufolgen. Immerhin hielt ich es dort einige Monate aus, bis eines Tages ein Brief von einem mir im Jahr vorher bekannt gewordenen Farbenfreund, Dr. Paul Krais[12] in Tübingen (nachmals Professor und Leiter des Textilforschungsinstituts in Dresden) eintraf, der mir mitteilte, dass Herr Geheimrat Prof. Dr. Wilhelm Ostwald[13] in Grossbothen sich freuen würde, wenn ich ihn einmal zu einer Rücksprache aufsuchen wollte. Nun war mir allerdings bekannt, dass im Jahr vorher der Herr Professor auf Herrn Baumann einen Druck auszuüben versucht hatte, dass dieser zugunsten seiner geplanten eigenen farbsystematischen Arbeiten die Baumann-Praseschen Farbkarten aus dem Verkehr zurückziehen solle, während er andernfalls öffentlich vor deren Gebrauch und Weiterverbreitung warnen werde – wohlgemerkt, ohne dass er vorher meine Arbeit näher kennen gelernt hätte. Diese drohende Zumutung konnte natürlich keinesfalls die gewollte Wirkung haben, denn sie kam ja direkt einer Aufforderung zu wirtschaftlichem Selbstmord gleich, nachdem Herr Baumann in dieser Sache ein Kapital von über 20.000 Mark guten Vorkriegsgeldes investiert hatte. Die durch Herrn Dr. Krais übermittelte Einladung durfte mir also als ein Zeichen einer recht erfreulichen Gesinnungsänderung erscheinen und wurde von mir als eine Friedenstaube aufrichtig begrüsst. Eine höfliche Anfrage brachte mir auf einer eigenhändig geschriebene Postkarte die Gewissheit, dass ich am nächsten schönen Sonntag den Herrn Professor zu Hause antreffen würde, und so ging ich denn auf die im ersten Kriegsjahre nicht ganz kurzweilige Fahrt von Chemnitz über Döbeln nach Grossbothen.

In seinem schön gelegenen Landhaus Energie[14] empfing mich dann um die Mittagsstunde in seinem Arbeitszimmer der Herr Professor etwa mit den Worten: *„Die Baumann-Prasesche Farbkarte ist gut. Sie ist das beste, was bis jetzt auf diesem Gebiete geschaffen wurde, aber – sie ist falsch!“* Ich entgegnete darauf, dass man in dieser Sache doch nicht gut von falsch oder richtig sprechen könne, sondern lediglich von einer grösseren oder geringeren Zweckmässigkeit, und dass eben schon recht viele Interessenten die Zweckmässigkeit meiner Farbtonkarte eingesehen und anerkannt hätten. Eine Berufung auf die Autorität seines Kollegen Ewald Hering kam mir leider erst als Treppenwitz, als ich längst auf der Rückkehr nach Chemnitz war. Doch führte ich im Anschluss an meine unmittelbare Entgegnung aus, dass ich allerdings auch schon früher mit dem Gedanken umgegangen sei, die Abkömmlinge einer Farbenfamilie statt in einem Treppenschema in einem Dreiecksnetz einzutragen – dabei skizzierte ich ein solches flüchtig. *„Ja, das ist aber auch nicht ganz das Richtige“* bemerkte hierauf der Herr Professor, und brachte dabei eine Bleistiftskizze zum Vorschein, auf welcher über einer waagerechten Grundlinie – wohl der Weiss-Grau-Schwarz-Basis in einer Kuppelform etwa fünf Reihen parallel angeordneter Rechtecke standen, während auf der Höhe der Kuppel der Ort der Vollfarbe angeordnet war[15]. Diese Skizze, die nach seiner damaligen Angabe die allein richtige Farbenordnung darstelle, gab er mir dann zum Andenken mit. Beim nächsten Grossaufräumen muss ich doch versuchen, dieses Blatt wieder zu finden und dann die Weisheit meines uralten Meisters Röpcke in Lüchow im Wendland, dem östlichsten Zipfel der Lüneburger Heide, beherzigen. Der ermahnte durch eine kleine Tafel in seiner Malerwerkstatt seine Mitarbeiter: *„Jedes Ding an seinen Ort, einen Ort für jedes Ding!“* Schade, dass ich mir nicht auch schon vor 60 Jahren eine solche Tafel angefertigt habe!

Doch wiederum auf besagten Hammel zu kommen: Im weiteren Verlauf einer insgesamt zweistündigen Unterhaltung erweckte der Herr Professor in mir den Glauben, dass ihm daran gelegen sei, mich als Mitarbeiter für seine geplante Farbenordnung heranzuziehen, und versprach mir Bericht zu geben, wenn seine Vorarbeiten so weit gediehen seien. Jedenfalls sicherte ihn sein unverbindliches Versprechen vor der unangenehmen Möglichkeit, durch von meiner Seite ausgehende Artikel in seinen Plänen gestört zu werden und die grosse Öffentlichkeit darüber aufgeklärt zu sehen, dass eigentlich gar keine so dringende Veranlassung bestehe, die deutsche Wissenschaft wegen einer zweiten Lösung eines, bei Lichte besehen, schon zur Zufriedenheit der Praktiker gelösten Problems zu bemühen.

Im Laufe des Gesprächs äußerte ich, dass ich schon mit dem Gedanken umgegangen sei, mein noch unveröffentlichtes Material dem Deutschen Museum in München zu überweisen, worauf der Herr Professor ganz eifrig einlenkte. *„Wir wollen doch aber einander nicht bekämpfen!“* Darauf ich wieder: *„Diese Absicht habe ich auch nie gehabt.“* Der Herr Professor: *„Ein solcher Kampf wäre ja für Sie auch ganz aus-*

sichtslos, denn da hat der Deutsche ja viel zu viel Respekt vor der Autorität der Wissenschaft.“

Spätere Erfahrungen belehrten mich jedoch, dass dieser Respekt doch nicht allen Deutschen eigen ist – siehe Münchener Farbentag 1921 und spätere Äusserungen des von Ostwald selbst in den Sattel der Deutschen Werkstelle für Farbenkunde gehobenen Professors Krüger[16], der zuletzt sogar vor dem Gebrauch der von Ostwald selbst herausgegebenen Farbnormen warnte!

So verging der Sommer. Ich wartete und wartete. Herrn Baumanns gesamtes Personal war inzwischen zu Kriegsdiensten eingezogen worden. Auch ich war gemustert und lediglich als heimatdienstfähig befunden worden. So wurde denn schliesslich der unbequeme Gehilfe mit dem Meistertitel wieder mit Maler- und Anstreicherarbeiten in Aue beschäftigt, bis eine letzte Musterung ihn mit noch 5 anderen Auer Malern zum militärischen Rang eines Schippers[17] avancieren liess. Dann gings mit etwa 500 erzgebirgischen und vogtländischen Leidensgenossen nach erfolgter Einreihung in ein Armierungsbataillon nach einer 14-tägigen Galgenfrist, in Reichenbach im Vogtland verbracht, 8 Tage vor dem Weihnachtsfest nach der Dreckfront in Französisch-Flandern, eine Meile südlich von Lille[18]. Und wenn die Kameraden schon beim Morgenapell beim Verlesen der Kriegsartikel gleich halbdutzendweis in Ohnmacht fielen, wenn auch der eine oder andere es vorzog, sich gleich in der Garnison krankeitshalber begraben zu lassen – da war alles hoffnungslos k.V., wenn auch der größte Teil des Armierungsbataillons nach ganz kurzer Zeit die Kriegs- und Feldlazarette bevölkerte und ein erheblicher Teil sich beim Ersatzbataillon in Leipzig aufhielt, bevor er halb oder ganz krank definitiv nach Hause geschickt werden musste.

Mich hatten die militärischen und ärztlichen Halbgötter zu einer etwas abweichenden Rolle ausersehen. Wenige Tage nach dem mit dem Bau überflüssiger Schützengräben bei Emmerin in Schneedreck und Regen recht trübselig verbrachte Weihnachts-„Fest“ trat eine Krankheit erneut und verstärkt bei mir auf, an der ich bis kurz vor der Einziehung zum Militärdienst gelitten hatte. Bevor diese Krankheit angesichts des unmenschlichen Verhaltens mancher Vorgesetzter zu einem offenen Tobsuchtsanfall ausartete, meldete ich mich lieber ebenfalls krank, sollte zwar zunächst in Arrest kuriert werden, wurde aber nach Vorzeigen des vorsorglicherweise mitgeführten Krankenscheins, welcher bewies, dass ich erst vor wenigen Wochen aus der ärztlichen Behandlung entlassen sei, nach Roubaix zur Beobachtung ins Lazarett geschickt. Von da gings weiter in das Heimatslazarett, in Bedburg-Hau, wenige Kilometer von Kleve und der holländischen Grenze entfernt[19]. Und das Lazarett war das grösste Irrenhaus Deutschlands, doch konnte ich bald feststellen, dass seine Insassen zum grössten Teil nicht verrückter waren, als Millionen normale deutsche, nur unter den Wehrmachtsangehörigen, die das Glück hatten, als militärische Vorgesetzte zu fungieren, war der Prozentsatz an Verrückten vielleicht etwas höher, als bei dem civilen und militärischen Durchschnitt.

Der Oberstabsarzt, ein wirklich vornehmer und humaner Mann, beschäftigte mich mit seinem ersten Schreiber, im Civilberuf Stadtsekretär in Kiel, den er die Krankenprotokolle stenographieren liess, damit, diese Protokolle in Kurrentschrift zu übertragen, wobei er sich nach Angabe seines Kameraden immer darüber wunderte, wie korrekt und fehlerfrei ich die schwierigsten und ausgefallensten lateinischen und griechischen Krankheitsnamen schrieb. Es wäre mithin ein geradezu idyllisches Dasein gewesen, wenn nur die Verpflegung besser gewesen wäre, doch war sie immerhin noch weit besser, als ich sie in den Kriegstagen des armen Erzgebirges gewöhnt war. Aber – wenns dem Esel zu wohl geht – ich konnte die Zeit nicht erwarten, in einer meinen Kräften und meinem Können besser entsprechenden Art zur Verteidigung des Vaterlandes herangezogen zu werden.

Wie ich mich jetzt gelegentlich durch einen Einblick in meine Krankenpapier überzeugen konnte, hatte man meinen Fall in Roubaix als manisch-depressives Irresein registriert, und die gelegentlichen Angaben über meine fachwissenschaftlichen Leistungen, speziell die über meine Autorenschaft an einem mit Ostwald konkurrierenden Werk als Wahnideen taxiert, da ich als Schipper ein solches Werk natürlich nicht vorzeigen konnte, meine Aufforderung, mir aus der Heimat ein Exemplar als Beweismittel zugehen zu lassen, aber durch ungünstige Umstände viele Wochen erfolglos blieb. Dazu musste mich noch gerade in den ersten Krankheitstagen die Nachricht erreichen, dass Ostwald sein erstes Werkchen, die ‚Farbenfibel'[20] veröffentlicht hatte, ohne an die Einhaltung seiner mir ein reichliches Jahr früher gemachten Versprechungen zu denken. Solche Erfahrungen konnten in meiner Lage also ganz leicht auch einen sonst vernünftigen armen Hund verrückt machen!

Als ich nun endlich dem Oberstabsarzt meine Farbtonkarte vorlegen konnte, war meine Krankheit nur noch ein nervöser Erschöpfungszustand, und der Arzt hätte mich gern noch länger als Hilfsschreiber behalten, wollte mir aber andererseits nicht hinderlich sein, meine schon als Schuljunge erprobte Fertigkeit im Landkartenzeichnen als Zeichner bei den Fliegern zu beweisen. Bis jedoch meine Meldung an die zuständigen Stellen durchdrang, vergingen immerhin fast 5 Monate, die ich in meist nicht unangenehmer Weise beim Ersatzbataillon in Leipzig damit verbrachte, zusammen mit einem deutsch-amerikanischen Professor, dem ehemaligen Direktor des Psychophysiologischen Instituts der Universität Toronto, Dr. August Kirschmann[21], dem Vater eines allerdings nur in der Entwurfsskizze vorhandenen Farbensystems, gemeinsam das Farbensteckenpferd zu reiten. Sein Farbensystem, ein Doppelkegel mit schräg liegender Basis, hatte übrigens eine gewisse Ähnlichkeit mit dem meinigen.[22]

Daneben verwandte ich die viele freie Zeit, die mir die Wahrnehmung der dienstlichen Funktionen eines aufsichtsführenden Küchenbullen liess, mich in der Universitätsbibliothek[23], deren Benutzung mir durch die Empfehlung Professor Kirschmanns freistand, mit allen möglichen älteren und neueren farbwissenschaftlichen Werken vertraut zu machen. So studierte ich u. a. die erste Auflage der Goetheschen Farbenlehre mit den farbigen Originalen, Lamberts Farbenpyramide, Runges Farbenkugel und viele weitere Werke ähnlichen Charakters. Mit Prof. Kirschmann und mit seinem späteren Mitarbeiter, Professor Weissenborn[24], verbanden mich übrigens noch mehrere Jahre lang durch gleiche Interessen bedingte freundschaftliche Beziehungen.

Bevor ich in meinen Lebenserinnerungen zu dem neuen Abschnitt meiner zeichnerischen Fliegertätigkeit übergehe, möchte ich jedoch noch eine ca. ein Jahr zurückliegende, Professor Ostwald betreffende Episode einschalten. Der Deutsche Werkbund[25], eine Vereinigung prominenter Künstler, Wissenschaftler, Kunstgewerbler und diesen Kreisen nahestehender Industrieller, hatte auf Grund meiner farbsystematischen Arbeiten auch meinen Herrn Baumann als Mitglied aufgenommen. Anlässlich einer Tagung in Bamberg, als im Lande der Franken Kornblumen blühten – dieser Zeitpunkt ist mir zufällig gerade erinnerlich – hatte ich Herrn Baumann als sein wieder zu Gnaden angenommener Adjudant dorthin zu begleiten. Da trafen wir nun in diesem gewählten Kreise, als dessen prominenteste Persönlichkeit wohl der Bamberger Erzbischof[26] gelten konnte, und hinter dem dann zufällig gerade Herr Baumann mit mir sass, auch Herr Professor Ostwald mit seiner Tochter und demonstrierte den Werkbundmitgliedern, verschiedenes Material seiner im Werden begriffenen Farbenordnung, von dem wir ganz unbefangen begrüsst wurden – eine Begrüssung, die allerdings von Herrn Baumann mit einiger Zurückhaltung erwidert wurde. Nachdem die offiziellen Begrüssungsansprachen und einige weitere Punkte abgewickelt waren, empfahl sich der Herr Erzbischof, besonders auffallend durch ein purpurrotes Mäppchen und eine breite Leibbinde von derselben Farbe, noch ehe Ostwald dazu kam, seinen auf der Tagesordnung stehenden Vortrag über die von ihm geplanten Farbnormen zu halten. Vor der offiziellen Eröffnung hatte dieser ja wohl in ungezwungener Weise ein paar höfliche Worte mit dem Kirchenfürsten gewechselt und ihm eine kurze wie ich vermute, sachliche Erläuterung gegeben. Um so auffallender wirkte es dann, als er in seinen Vortrag die Redewendung einflocht, dass *„die purpurrote Farbe, die vorhin der geistliche Herr in der ersten Reihe in solch ostentativer Weise zeigte, nach meinem genormten Farbenkreis* (nachmals übrigens mehrfach abgeändert!!!) *die Ordnungsziffer 33 tragen würde.“* Ich hatte das Gefühl, dass der Monistenpapst das Verhalten des Kirchenfürsten wohl etwas zu tragisch auffasste und seine etwaige Verärgerung nicht so deutlich hätte merken lassen sollen.

Interessant war mir übrigens am Nachmittag desselben Tages, als der Weihbischof Dr. Senger[27] den Werkbundgästen im Dom die historischen Sehenswürdigkeiten erläuterte, wie er an den Tilmann Riemenschneiderschen Marmorsarkophag Heinrich des Zweiten und der Kunigunde die Reliefs am Sockel erklärte[28], wie Kunigunde über die glühenden Pflugscharen schreitet, und wie auf der Seelenwage dann die guten und bösen Taten Heinrichs gewogen werden. Auf der Seite der bösen Taten suchen mehrere Teufel die Wagschale nieder zu ziehen, wohingegen der Erzengel Michael sein Schwert zu seinen Gunsten in die Schale der guten Taten wirft, um diesen das Übergewicht zu geben. „*... und nun kann der heilige Heinrich in den Himmel einziehen!*“ Ein, wie mir schien, etwas augurenhaftes Lächeln, das vielleicht dem aufmerksam zuhörenden Professor Ostwald gelten mochte, begleitete diese Erläuterung, doch konnte auch ich mich einer gleich höflich und lächelnd gegebenen Erklärung erfreuen, als ich mich in der Krypta am Grabmal des Deutschen Kaisers Konrad[29] nach dem mutmasslichen Alter eines gotischen Dreiecksschildes auf dem Steinsarg erkundigte.

An zwei Malermeistern übten wir am nächsten Tage unsere Propagandatätigkeit, Herr Baumann an einem erzgebirgischen, aus Drebach stammenden, doch seit vielen Jahren in Bamberg akklimatisierten Landsmann, ich an einem nominellen Hofmalermeister, Herr Baumann mit negativen, ich dagegen erfreulicherweise mit positivem Erfolg.

Als Nachfeier folgten Besichtigungen in Staffelstein, am Staffelberg des Scheffelschen Einsiedelmanns vorbei und in der prachtvollen Wallfahrtskirche Vierzehnheiligen und zuletzt im Städtchen Lichtenfels, von wo aus dann die Heimfahrt erfolgte. Im Gespräch mit einer eleganten, bildhübschen Berliner Kunstgewerblerin, die mir schon in der Bamberger Krypta am Arme des Werkbundsekretärs, eines Herrn von grotesk wirksamer Hässlichkeit aufgefallen war, tauschten wir noch unsere Meinung über die Ostwaldschen Farbnormungspläne aus. Ich konnte dabei zu meinem stillen Ergötzen feststellen, dass die Dame absolut nicht wusste, was Ostwald mit seiner wissenschaftlich klingenden Gleichung: „Der Farbton ist gleich dem Buntanteil plus Schwarzanteil plus Weissanteil“ sagen wollte. Doch nachdem ich ihr diese Gleichung an der Art meines nun schon sechs Jahre alten Mappe-Artikels verdeutlicht hatte, erschien ihr die Sache durchaus klar. Ostwald hat wohl kaum vermutet, dass ich hier als sein Dolmetscher fungieren würde.

Und wenn er es schon gewusst hätte, so glaube ich doch kaum, dass er es mir besser gedankt hätte, denn schliesslich war er nicht bloß ein großer Gelehrter, wie ihn fast alle Welt einschätzte, sondern auch ein ganz tüchtiger Geschäftsmann, der es recht gut verstanden hat, einen unliebsamen aber vertrauensseligen Konkurrenten auf den Besen zu laden. Daß Ostwald bei unserem ersten persönlichen Zusammentreffen die Idee des Farbendreiecks, als ich sie vor ihm erwähnte, als „*auch nicht ganz das Richtige*“ bezeichnete, wird ihm kein konkurrierender

Geschäftsmann verübeln können, ebenso daß er damals die später von ihm selbst benutzte Idee der farbtongleichen Dreiecke verleugnete, wird ihm selbst ein ehrlicher Konkurrent kaum verübeln können, daß er aber später durch Jahre hindurch sich selbst wider besseres Wissen als den ersten und einzigen „Bahnbrecher im pfadlosen Bereich des Farbenurwaldes" rühmte und dabei seinen wichtigsten Vorgänger völlig tot schwieg, ist für einen Wissenschaftler von Weltruf unverzeihlich.

Nachdem Ostwalds Energiewerke gemeinsam mit dem Unesma-Verlag[30] nach Beendigung des ersten Weltkrieges die Herstellung und den Vertrieb von Farbleitern, Farbkörpern und Farbkreisen mit vollen Touren aufgenommen hatte, ohne daß der Herr Professor sich wohl sonderliche Kopfschmerzen wegen der Nichteinhaltung der von ihm gegebenen Versprechungen betr. der Heranziehung der Firma Paul Baumann und meiner Person zur Mitarbeit bei seinen farbsystematischen Arbeiten gemacht haben dürfte, musste ich natürlich ebenfalls auf eigenen Füssen meinen Weg zu einer möglichst weiten Verbreitung der Baumann-Praseschen Farbtonkarte fortsetzen. Trotz der im ersten Augenblick fast übermächtig und erdrückend erscheinenden Konkurrenz erwies sich mein Weg als kein vergeblicher. Im Gegenteil, er brachte mir ein wenn auch nicht überreichliches, so doch immerhin auskömmliches Brot. Nur als der Herr Professor unter dem Protektorat des Herrn Ministerialdirektors Klien[31] den Sächsischen Staat, sowie besonders die Städte Dresden und Chemnitz für Ostwalds Sache mobil machte und für die Deutsche Werkstelle für (Ostwalds!) Farbenkunde die Werbetrommel rührte, folgte ich dieser Trommel in dem guten Glauben, dass sie in erster Linie auch mir gelte, und dass Ostwalds Ruf: „Farbentüchtige herbei!" doch wohl auch an mich gerichtet sein müsse.

Von diesen Gedanken geleitet brachte ich Kliehns Adjudanten, dem Herrn Regierungsrat Florey[32], dann die einige Jahre vorher von Ostwald erhaltenen Versprechungen in Erinnerung. So mochte er vielleicht befürchten, ich werde die feierliche Eröffnung des Farben-Theaters durch unerwünschte und unharmonische Klänge stören. *„Sie wollen doch nicht etwa aggressiv gegen Ostwald vorgehen?!"* fragte er mich besorgt. Wollte ich nicht von vornherein als heraus geworfen gelten, so musste ich wohl oder übel verneinen. Nach erfolgter Gründung bekam ich dann die höfliche schriftliche Aufforderung, dem Verein zur Erhaltung der Deutschen Werkstelle für Farbkunde als zahlendes Mitglied beizutreten, statt als ein aktives, evt. durch seine seit Jahren bewiesenen Spezialleistungen als führender, möglicherweise sogar zu bezahlender Mitarbeiter berufen zu werden. Diesen Posten erhielt natürlich ein repräsentativer erscheinender Herr, der Kunstgewerbler Professor Krüger[33], wenn auch vielleicht dessen Leistungen auf dem Gebiet der Farbenkunde etwas bescheidener waren, als seine finanziellen Ansprüche an die staatlichen oder städtischen Pensionskassen, die noch eine Reihe von Jahren bis zu seinem sanftseligen Tod liefen, als die D. W. f. Fk.[34] längst nicht mehr bestand und als zwischen Ostwald und Krüger sich bereits Gegensätze gebildet hatten, die den letzteren veranlassten, vor dem Gebrauch von Ostwalds eigenen, neueren Farbnormen zu warnen. Nur die Lehrerschaft, in der Hauptsache die der Sächsischen Volksschulen, folgte noch einige Jahre dem Ostwaldschen Farbenpanier unter der Devise a c e g i l n p .

Ob die Auferstehung der Ostwaldfarbnormen, die anläßlich des 100. Geburtstages von Ostwald eine nachhaltigere sein wird, bleibt abzuwarten. Immerhin habe ich selbst nach Ostwalds Niederlage in München[35] aus Interesse an dem Farbenordnungsproblem eine ähnliche Ordnung geschaffen, bei der sich jedoch die Weiss-Schwarzanteile und die Weiss-Buntanteile nicht nach den Verhältniszahlen einer logarythmischen, sondern nach denen einer Trigonalzahlenreihe[36] aufbauen. Das hat die Folge, dass in meiner neuen Ordnung wesentlich mehr helle Farbtöne, als bei Ostwald enthalten sind. Ein weiterer Unterschied besteht darin, dass mein Farbenkreis nicht nach Gegenfarbenpaaren angeordnet ist, sondern dass ich in ihm eine gleichmässige Abstufung aller Vollfarben zu erreichen suchte, die sich jedoch besonders im grünlichblauen Teil schwer mit der Gegenfarbenanordnung vereinbaren lässt. Eine sonderbare Einstellung Herrn Baumanns kann ich hier nicht unerwähnt lassen. Während er im Jahre 1922, wenn auch nach etwas anfänglichem Widerstreben sich gern damit einverstanden erklärte, dass ich eine kleine Auflage nach diesen Prinzipien ausarbeitete, ja wenn er selbst gern auch für sich das Verdienst des Urhebers an dieser Anordnung in Anspruch nahm, indem er in einer Spezialausstellung der Farbsystematik in der Berliner Staatsbibliothek, im Sommer 1941[37] abgehalten, ohne meine Einwilligung mich völlig tot-schwieg, dass er aber ohne jede materielle Gegenleistung für mich, seinen eigenen Namen in Goldprägung auf den Farbenfächer[38] – meine eigenste, ganz alleinige Erfindung! – setzen liess, stellt seiner Vertragstreue ein um so schlechteres Zeugnis aus, als er noch obendrein den Farbenfächer und den dazu gehörigen Farbenatlas[39], abgesehen von wenigen Exemplaren des Farbenfächers, entgegen unseren Abmachungen aus dem Handel zurückhielt und mich dadurch um die wohlverdienten Tantieme brachte – also um den Hauptteil meiner Entlohnung, da der lächerlich niedrige Gehilfenlohn des Inflationsjahres 1922 von mir niemals als gerechte Entlohnung einer zweifellos höchstwertigen geistigen, technischen Leistung anerkannt werden konnte.

Dass er in den Jahren 1952 und 1953 bei einem Ausflug nach dem Westen wiederum ohne mein Wissen und ohne meinen Willen diese Sachen unter Verstoss gegen die steuerlichen Bestimmungen an den Mann zu bringen suchte, musste er allerdings mit einer ungeheuerlichen Steuerstrafe büssen, die jedoch zum grossen Teil auch mich, den an der Schiebung absolut Unschuldigen trifft, ist für mich doppelt bedauerlich. Dass Herr Baumann in den Jahren 1923 bis 1928 gerade den Farbenfächer und die davon abgeleiteten Schauobjekte als Blickfang auf den verschiedenen Malertagsausstellungen verwenden liess, ohne jedoch den Verkauf von Farbenfächern und von mir zum Verkauf angefertigten Farbatlassen selbst zu gestatten, dass er den Erfolg – Prämierung mit 5 goldenen und einer silbernen Medaille[40] – sich gern gefallen liess, auch dass ich meinen Schweiss nicht nur tropfenweis beim Aufbau der Ausstellungsobjekte vergiessen musste, während er gemächlich in seiner Sommerfrische in Obersdorf im Allgäu ausharrte, sei nur ganz nebenbei erwähnt.

So konnte im August 1927 anlässlich des Zwickauer Malertages der Sächsische Malerbundes-Obermeister Dahlinger beim Anblick eines zwar nicht allzu großen, aber von mir geschmackvoll entworfenen und ausgestatteten Standes in die bewundernden Worte ausbrechen: *„Der Baumann wird immer grösser! Und das macht alles der Prase!“* Die Anerkennung wurde von Herrn Baumann, der ausnahmsweise einen Malertag nicht in Obersdorf zubrachte, mit recht säuerlichem Humor vernommen, nachdem eine feuchtfröhliche Malerdeputation ihm im Februar desselben Jahres aus Berlin mit einem grossen Wappen- und

Siegel geschmückten Diplom als den Erfinder der weltberühmten Farbtonkarte und durch die Ernennung zum Professor geehrt hatte. Der wirkliche Erfinder der berühmten neuen Farbkarte saß während dessen, statt mit am Ehrentisch von nur wenigen besserwissenden Kollegen anerkannt, am Katzentisch. Doch konnte ich mirs nicht versagen, am nächsten Morgen bei einem Autobusausflug nach dem Fichtelberg den Führer der Berliner Lukasgilde[41] durch ein mehr phantasievolles, als wahrheitsgemässes Geschichtchen zu ergötzen. So erzählte ich ihm denn, dass er mir in der Gestalt des heiligen Lukas im Traume erschienen sei und habe mir die Ernennung zum Geheimrat gebracht – allerdings unter der Bedingung, dass ich meinen Rat in Zukunft stets geheim halten müsse. Der daneben sitzende Herr Dahlinger wird ihm wohl die Pointe meines Geschichtchens angedeutet haben.

Schade, dass man als Urheber einer guten und brauchbaren Sache nicht wie ein Hotel-Hausknecht oder wie ein Dienstmann mit einem Schild an der Mütze herumlaufen kann, das Jedermann über die verborgenen Qualitäten des Mützenträgers aufklärt. Auch ein rebenbogenfarbiger Heiligenschein wäre zu dem Zweck vielleicht in Erwägung zu ziehen! – [42]

Nun, vielleicht habe ich das Glück, dass mir ein solcher Schein noch von selbst nachwächst. Hoffen wir das Beste!

Nachträge zur Farbensystematik. Zum erstenmal machte ich mir ernstliche, nochmals zu geniessbaren Früchten ausgereifte Gedanken über das Dreifarbensystem des Grafikers. Wenn ich nicht irre, war es etwa 1912, als der wissenschaftliche Leiter der Druckfarbenfabrik Gleitsmann in Dresden[43] Herr Dr. Rübenkamp anlässlich eines Besuches bei der genannten Firma mir einen dreiteiligen Buntdruck überreichte, unterzeichnet mit dem Namen „Krätke"[44]. Den Träger des Namens lernte ich etwa 15 Jahre später im Buchgewerbehaus anlässlich einer Tagung der Farbnormeninteressenten kennen. Es war ein schön bunter Hühnerhof mit Pfauen und allem möglichen Federvieh auf dem obersten Drittel des Blattes, während auf den beiden unteren Dritteln die Firma Gleitsmann die neben einem als ornamentale Umrahmung dienenden Gelblichgrau und in etwa 300 rechteckigen und quadratischen schwarz eingefassten Kleinfeldern die durch das Zusammenwirken der drei Farben

Citrongelb, Purpurrosa und Miloriblau erzielbaren Farbtöne zeigte. Wenn auch das gewählte Motiv sich durch die angewandten Druckfarben in recht befriedigender Weise wiedergeben liess, so war mir doch sofort klar, dass für die meisten anderen Motive gerade diese drei Farben bei Weitem nicht ausreichen konnten. Auch die Art und Weise, wie dunkle und helle Farbreihen scheinbar willkürlich nebeneinander gestellt waren, störte mich etwas.

Nun, ich hatte damals dringendere Sorgen, als die Fehler anderer Leute zu verbessern, und so kam ich erst als Landsturmmann und aufsichtsführender Küchenbulle im Frühjahr 1917 in der Universitätsbibliothek in Leipzig dazu, mich wieder des Dreifarbenproblems zu erinnern. Zunächst freilich nur in der Weise, dass ich den billigen Plan fasste, den Gelbgehalt eines beliebigen Farbtones durch die an erster Stelle stehende Hunderterziffer, den Rotgehalt durch die folgende Zehnerziffer und den Blaugehalt durch die letztstellige Einerziffer zu kennzeichnen. So ergaben sich, beginnend mit 000 = Weiss bis 999 = Schwarz gerade Tausend nach Zahl und Aussehen verschiedene Lasurfarbtöne, die sich nach meiner Überzeugung recht gut durch die verschiedenen Druckverfahren wiedergeben lassen mussten[45]. Und als endlich der langersehnte, wenn auch recht wenig befriedigend ausgefallene Frieden gekommen war, setzte ich mit Hilfe von Chromgelb, Krapprosa und Kobaltblau das dem Geiste vorschwebende Farbenbild fein säuberlich auf Papier und suchte nun eine wagemutige Druckfarbenfabrik, damit sie bei meinem Geisteskind Pate stehen sollte. Aber so viele ich auch für diesen ehrenvollen Posten auserwählt hatte, keine Firma zeigte Lust, dem Ruf Folge zu leisten.

Die letzte Firma, an die ich mich wandte – eigentlich erhob sie ja wohl auf den ersten Rang Anspruch! – erklärte mir durch den Mund ihres Leiters: *„Ihre Idee ist gut! Sie ist so gut, dass wir ihre Farbkarte gleich waggonweise drucken müssten, um die Nachfrage aller Interessenten befriedigen zu können!“* Auf ein solches Übermass von Güte war ich natürlich nicht gefasst, und so schlief der schöne Plan und die gute Idee wieder ein, bis in den letzten Tagen des zweiten Weltkrieges die Geschosse der amerikanischen Artillerie über Lössnitz hinweg, zu einem glücklicherweise nur kleinen Teil auch in die Häuser selbst hinein sausten. Was wollte ich besseres tun? Während die Hausgenossen im Keller Luftschutz suchten, schien der mir auch nur recht dürftige Sicherheit zu bieten, und ich erweckte in einem tröstlichen Glauben, dass ja doch nicht jede Kugel trifft, in meinem grossen hellen Arbeitsraum[46] meinen alten Dreifarbenplan zu neuem Leben. Die Beschiessung ging ja bald zu Ende und ich konnte nun in Ruhe alles fertig machen, was in meinem 1000-teiligen Farbenwürfel noch gefehlt hatte.

Ein Exemplar desselben ging für den Betrag von 50,- Schweizer Franken, die sich leider nochmals dank der Rechenkünste unserer Finanzverwaltung als 35,- überaus bescheidene Ostmark entpuppten, und obendrein binnen Kurzem infolge des mich seit jeher plagenden Lasters der Sparsamkeit auf 3 D.Mark und 50 D.Pfennige zusammenschmolzen Da schenkte ich lieber drei gleichzeitig noch hergestellte Farbwürfel gleich dem Institut für grafische Technik in Leipzig[47] und wurde dafür mit dem sehr ehrenvollen Rang eines ehrenamtlichen Mitarbeiter des genannten Institutes belohnt. Mit etwas Sophistik könnte ich mich demzufolge sogar als indirektes Mitglied des Forschungsinstitutes für die Polygraphische Industrie der D.D.R. fühlen – hoffentlich erfährt das Finanzamt von diesem Gefühl nichts! Denn das könnte mir teuer zu stehen kommen.

Herr Gasch, als Reproduktionstechniker vollgültiger und besoldeter Mitarbeiter des Institutes, erweiterte in Anlehnung an meinen Dreifarbenwürfel diesen auf vier Farben, reduzierte jedoch die Zahl von 9 Gelbstufen auf etwa 6. Diese Änderungen veranlassten mich wiederum auf eine weitere Verbesserung bedacht zu sein. Und da deren Verwirklichung in absehbarer Zeit kaum zu erhoffen ist, will ich wenigstens den Plan dazu hier festlegen, nachdem ich ihn bereits vor etwa drei Jahren auf einer Tagung des Normenausschusses Farbe in Berlin-Dahlem[48]den Interessenten unterbreitet hatte, wo er allerdings in der Fülle des von allen Seiten dargebrachten Materials und mit Rücksicht auf den etwas abseitigen Platz der Auslegung kaum zur Geltung kam. Dieser Plan sieht vor, dass auf einem reinweissen Grund = 000 und auf fünf mit 100, 300, 500, 700 und 900 bezifferten Gelbstufen je fünf mit 010, 030, 050, 070 und 090 bezifferte lasiernde Rotstufen und ebenso viele mit 001, 003, 005, 007 und 009 bezifferte lasiernde Blaustufen im Rasterdruck, Offsetdruck oder Tiefdruck zu setzen sind. Jedes der für einen Farbton vorgesehenen Quadrate von je ca. 3 cm Seitenlänge ist im gleichen Druckverfahren mit drei verschiedenen Grauwerten, etwa den Schwarzwerten C, G und L der Unifaka[49] entsprechend zu überdrucken. Wird jedes Quadrat durch ein Diagonalkreuz geteilt, so bleibt jeweils ein Viertel des Quadrates frei, und ein ganzes Hunderter-Farbenfeld erscheint dann wie mit einem grauen, ziemlich flachen Pyramidenmuster bedeckt.

Wird nun die Spitze jeder Pyramide durch ein kleines kreisrundes Loch abgetragen, so ergibt sich ohne Weiteres eine für die meisten Zwecke des Farbenpraktikers genügende Farbmesstafel. Man vergleiche nachstehenden, auf den reinweissen Kartenausschnitt *(Anm. d. Hrsg: Unterstreichung zum besseren Verständnis)* mit je vier plastisch wirkenden Pyramidenseiten von verschiedenen Helligkeitsgraden, die man nach Belieben mit Ziffern oder mit Buchstaben bezeichnen kann, entweder

mit 000,0 oder mit 000/A,
mit 000,3 oder mit 000/C,
mit 000,7 oder mit 000/G und
mit 000,11 oder mit 000/L.

Der Grauraster – 60 Linien auf 10 mm – ist in der Skizze nur grob angedeutet!

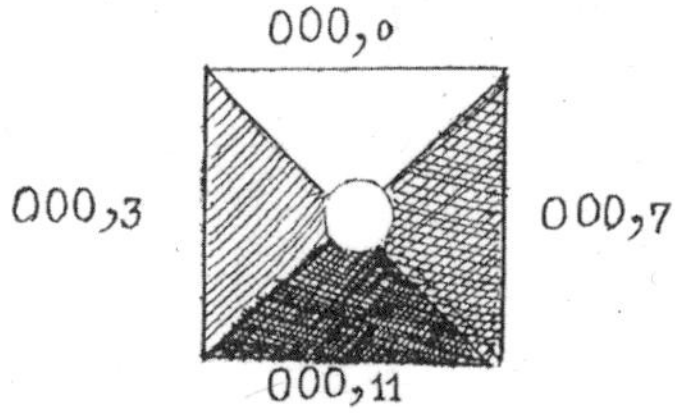

Die vor 30 Jahren vielgenannte, von ihrem Urheber, dem Wiener Farbsystematiker Becke[50] so genannte "natürliche Farbordnung" führte ich aus fachlichem Interesse ebenfalls farbig aus, und zwar in Form einer sechsseitigen spitzen Pagode und eines aus sechs bunten Tafeln bestehenden Würfels, beides mit kurzem erläuterndem Text. Anlässlich einer in den Räumen der Staatsbibliothek Berlin im Sommer 1943 (?) gezeigten Übersicht über die von den verschiedensten älteren und neueren Autoren herrührenden farbsystematischen Arbeiten hatte auch ich auf Wunsch des Herrn Bibliotheksrat Dr. Ahlenstiel die beiden Stücke mit beigesteuert. In der Nacht nach dem Ausstellungsschluss warfen jedoch englische und amerikanische Flieger Brandbomben über der Mitte von Berlin ab – vielleicht sollte das die Quittung über die in den Tagen im Berliner Lustgarten erfolgte triumphale und stark besuchte Ausstellung des Waffenstillstandswagens von Compiegne sein?

Nun, zahlreiche Ausstellungsstücke in der Staatsbibliothek, darunter auch meine beiden Stücke, wurden durch die Brandbomben bis zur Unkenntlichkeit geschwärzt. Ich selbst musste einen im Haus Vaterland recht angenehm verbrachten Abend, als ich um die Mitternachtsstunde gedachte, mich zur Ruhe zu begeben, eine bis früh um 6 Uhr dauernde, weniger angenehme Nachfeier in den Tunnels der U-Bahnstation Stadtmitte folgen lassen, um dem von oben kommenden, recht peinlichen Segen auszuweichen.

Den mir erwachsenen Schaden konnte ich nach Erhalt des Versicherungsbetrages durch Neuanfertigung der beiden Stücke leicht wieder gut machen, für die Staatsbibliothek fertigte ich übrigens auf Wunsch des Abteilungsleiters Dr. Ahlenstiel gleich noch je ein zweites Stück, sodass wenigstens die Kopien der längst verschollenen Beckeschen Originale erhalten geblieben sind. Weitere Kopien dieser Objekte, enthalten auf einer von Professor Dr. Rösch[51] – Wetzlar während der Tagung „Film und Farbe"[52] in Dresden aufgenommenen Agfacolor-Photographie meiner Person nebst Farbenphotographien von Ostwald und farbiger Aufnahmen weiterer von mir herrührender Arbeiten wurden später auf der nächsten Farbnormenausschusstagung in Berlin-Dahlem[53] zu meiner angenehmen Überraschung in einer extemporierten, wenn auch nur stummen Lichtbildvorführung durch Prof. Rösch gezeigt.

Eine Unterhaltung, die ich (unter Vorlegung meiner wichtigsten neueren Arbeiten – vielleicht im Sommer 1945 oder 1946? mit Herrn Staatssekretär (a. D.?) Dr. Mencke-Klickert im Radiumbad Oberschlema hatte, erweckte in mir die trügerische Hoffnung, dass meine Spezialarbeiten wohl eines Ehrendoktortitels der Technischen Hochschule Dresden wert seien. Der damalige Rektor, Prof. Dr. Heydebroek[54], an den ich mich auf Anraten des Herrn Staatssekretärs schriftlich mit meinem Anliegen wandte, liess mir jedoch eine Antwort zu Teil werden, die mich auf die Vermutung brachte, dass bei ihm vielleicht der akademische Kastengeist wesentlich stärker entwickelt sei, als das Verständnis für neue Farbforschungsresultate eines nichtakademischen Außenseiters.

Doch soll dieser provisorische Schluss keineswegs ein unberufenes Werturteil über die mir leider völlig unbekannt gebliebenen fachlich-wissenschaftlichen Qualitäten des letztgenannten Herrn in sich schliessen. Nur so viel möchte ich ganz zuletzt noch bemerken, dass schon vor Jahren namhafte Hochschulkollegen des Herrn Rektors besser als dieser die Bedeutung meiner praktisch-wissenschaftlichen Arbeiten zu würdigen wussten, – ich will hier nur die Namen des einstmals weltberühmten Theaterbaumeister Prof. Martin Dülfer[55], sowie der Professoren Luther und Klughardt[56] nennen, von denen mich speziell der Letztgenannte einem seiner Kollegen gegenüber vertraulich als einen gediegenen Auodidakten bezeichnete, während Prof. Dülfer meine Arbeiten für wertvoll genug hielt, sie schon 1919 angesichts der beginnenden Ostwald-Schwärmerei auf einer Ausstellung des Bundes Deutscher Dekorationsmaler seinen Schülern als besonders beachtenswert vorführen zu lassen.

Der Kuriosität halber sei hier noch eingeschaltet, dass es mir bei dieser Gelegenheit mühelos gelang, einen dieser Schüler, den nachmaligen Gewerbestudienrat Dipl.Ing. Himmelreich aus meiner alten Heimat Rudolstadt stammend, aus einem Ostwald-Schwärmer einen meiner begeistertsten Anhänger zu machen, nachdem er kurz vorher noch im Rudolstädter Gewerbeverein in Unkenntnis meiner Arbeiten durch einen Vortrag für Ostwald Reklame gemacht hatte. Jammerschade, dass er vor ein paar Jahren auf einer Radfahrt von Schleiz nach Rudolstadt das Genick brechen musste! Er wäre vielleicht noch ein wertvoller Anwalt für mich geworden!

I.2 Anmerkungen und Bildergänzungen

1

1a

2

3

3a

1 Malerobermeister David SCHRÖDER (1863–1915), aus Brenz bei Parchim in Mecklenburg stammend, gründete 1888 seinen Malereibetrieb in Ilmenau (heute an gleicher Stelle Fachmarkt und Großhandel Farben-Schröder e.K.)
1a Geschäftshaus des Malerbetriebs von David Schröder in Ilmenau um 1905; Otto Prase nahm dort etwa 1899 seine Tätigkeit auf.
2 Deutsche Malerzeitung «Die Mappe», älteste deutschsprachige Fachzeitschrift für Maler und Lackierer, 1881 von F. Nauert in Leipzig gegründet, wurde 1886 vom Callwey Verlag München übernommen. Redakteure: Ludwig Reseberger und Cornelius Hebing
3 Paul BAUMANN (1869–1961), Malerobermeister und Prüfungsvorsitzender der Auer Maler- u. Lackiererinnung, über fünf Jahrzehnte Farbkartenhersteller und Verleger zahlreicher Farbtonkarten insbes. 1911 nach dem «System Prase», zuletzt «Baumanns Universalfarbtonkarte Baufa» (Lackfarbenkarte mit 5280 Mustern)
3a Baumanns Werkstätten für Farbkunde, gegründet 1892 in Aue/Erzgeb.,
li.: Wohn- und Geschäftshaus von Paul Baumann in Aue/Erzgeb., Wettiner Str. 50

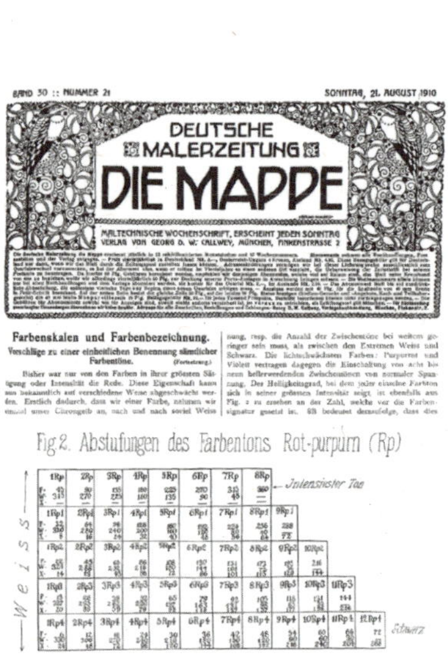
BAND 30 :: NUMMER 21 SONNTAG, 21. AUGUST 1910

DEUTSCHE MALERZEITUNG DIE MAPPE

MALTECHNISCHE WOCHENSCHRIFT, ERSCHEINT JEDEN SONNTAG
VERLAG VON GEORG D. W. CALLWEY, MÜNCHEN, FINKENSTRASSE 2

Farbenskalen und Farbenbezeichnung.
Vorschläge zu einer einheitlichen Benennung sämtlicher Farbentöne. (Fortsetzung.)

Bisher war nur von den Farben in ihrer grössten Sättigung oder Intensität die Rede. Diese Eigenschaft kann nun bekanntlich auf verschiedene Weise abgeschwächt werden. Erstlich dadurch, dass wir einer Farbe, nehmen wir einmal unser Chromgelb an, nach und nach soviel Weiss

nung, resp. die Anzahl der Zwischentöne bei weitem geringer sein muss, als zwischen den Extremen Weiss und Schwarz. Die lichtschwächsten Farben: Purpurrot und Violett vertragen dagegen die Einschaltung von acht bis neun hellerwerdenden Zwischentönen von normaler Spannung. Der Helligkeitsgrad, bei dem jeder einzelne Farbton sich in seiner grössten Intensität zeigt, ist ebenfalls aus Fig. 2 zu ersehen an der Zahl, welche vor die Farbensignatur gesetzt ist. 6B bedeutet demzufolge, dass dies

4

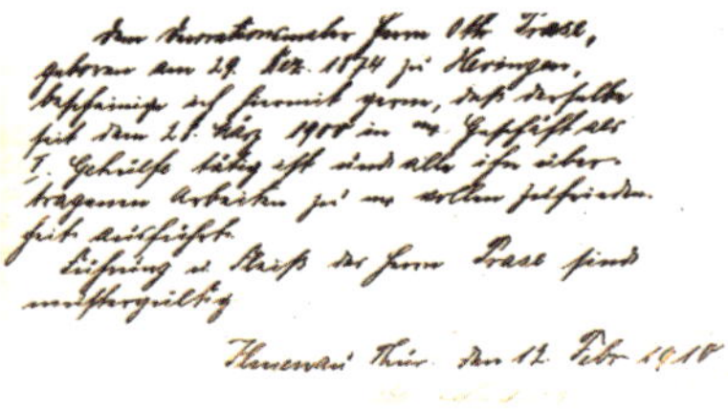

5

6

4 Otto Prases mehrteilige Veröffentlichung seiner Grundzüge systematischer Ordnung und Benennung der Farben in der Malerzeitung «Die Mappe» im August 1910
5 Zeugnis seines Meisters David Schröder: «Dem Dekorationsmaler Herrn Otto Prase, geboren am 29.Dez.1874 zu Heringen, bescheinige ich hiermit gern, dass derselbe seit dem 28.März 1900 in meinem Geschäft als I. Gehilfe tätig ist und alle ihm übertragenen Arbeiten zu meiner vollen Zufriedenheit ausführt. Führung und Fleiß des Herrn Prase sind mustergültig. Ilmenau, den 12. Februar 1910.»
6 Die erste Farbtonkarte von Paul Baumann, Aue 1903 (Leporello, 360 Farbmuster)

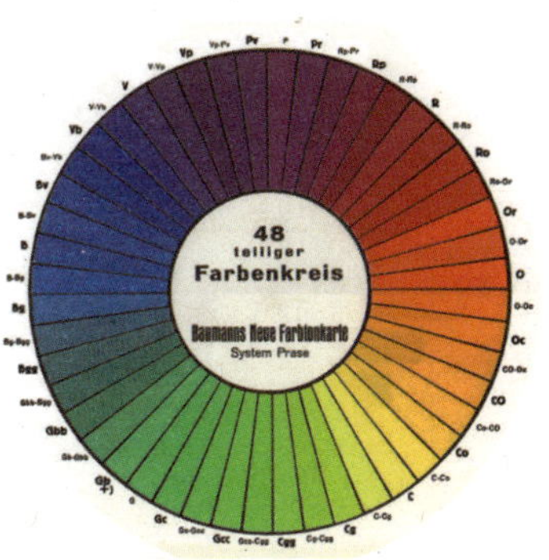

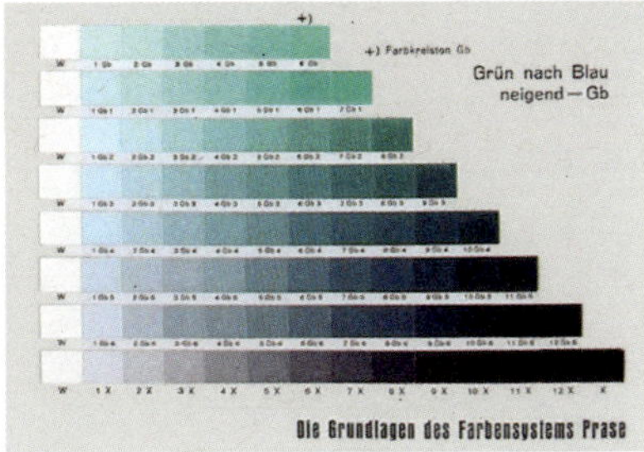

7

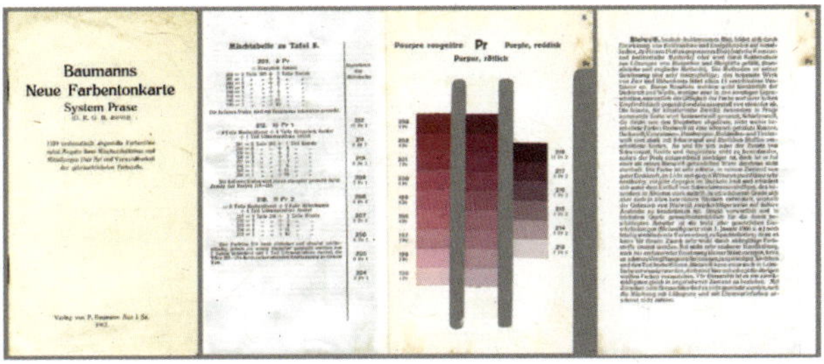

7a

7b

8

7 Prases 48-teiliger Farbtonkreis und seine Farbentreppe als Grundlage von «Baumanns Neue Farbentonkarte – System Prase», Verlag Paul Baumann, Aue i. Sa. 1912

7a Die Übersichtskarte enthält zu jedem Farbton geschlitzte Farbmeßkarten mit insg. 1359 abgestuften Farbmustern und hilfreiche Informationen zu den verwendeten Farbpigmenten sowie deren Mischverhältnisse.

7b Bekanntmachung der auf den Namen O. Prase eingetragenen Farbentonkarte als Gebrauchsmuster Nr. 460 993 und 460 994 im Patentblatt des Kaiserlichen Patentamtes, 35. Jg., Nr. 17, S. 786, Berlin am 26. April 1911

8 Karl Ewald Konstantin HERING (1834–1918), Schüler von E. H. WEBER und G. T. FECHNER, Ordinarius für Physiologie in Wien, Prag und Leipzig, Begründer der Theorie der Gegenfarben (Opponententheorie), Leiter des Physiologischen Instituts der Universität Leipzig von 1895–1916

9

10

12

11

9 Porträtfoto in Otto Prases Reisepass als Provisionsreisender für Paul BAUMANN (um 1920)
10 Das für die Baufachausstellung 1913 in Leipzig angefertigte Tableau mit 24 farbtongleichen Farbtreppen präsentierte Prase auch auf der ersten Werkbundausstellung 1914 in Köln.
11 Paul CLEMEN (1866–1947), Kunsthistoriker und Denkmalpfleger, Prof. f. Kunstgeschichte an der Universität Bonn, der Kunstakademie Düsseldorf und Gründer des Kunsthistorischen Instituts in Bonn
12 Paul KRAIS (1866–1939), Textilchemiker, 1911 Schriftführer der Echtheitskommission der FG für Chemie der Farben- u. Textilindustrie im Verein Deutscher Chemiker, 1912 Vorsitz der Arbeiten zum «Deutschen Farbenbuch», ab 1926 auch Leitung der Dresdner Werkstelle für Farbkundee, 1927 Honorarprofessur für Textilchemie an der TH Dresden. Im Auftrag des Werkbundes empfahl Krais 1914 zunächst «Baumanns Neue Farbtonkarte – System Prase» zur vorläufigen allgemeinen Anwendung in Industrie, Handwerk und Gewerbe. Nach Begegnung mit OSTWALD auf der Werkbundausstellung in Köln allerdings arbeiteten Krais und Ostwald gemeinsam an einem neuen, «rationellen Farbenatlas» nach Leitsätzen von Ostwald 1915.

13

14

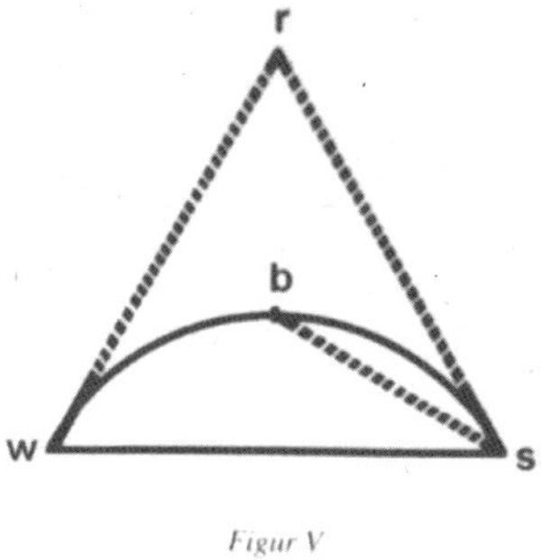

15

Krais empfahl aber im Juni 2014 in einem Brief an Ostwald, Paul Baumann in die Arbeiten einzubeziehen, um von dessen Erfahrungen auch hinsichtlich des Vertriebs zu profitieren. Am 14. Juli 1914 trafen sich dann Krais und Baumann zu einem Austausch. Zu diesem Zeitpunkt war Paul Krais offenbar die Rolle Prases als Schöpfer der Farbtonkarte Baumanns noch nicht bewusst. Erst ein Brief Prases an Paul Krais brachte darüber Aufklärung und führte schließlich zu einer Einladung von Otto Prase nach Großbothen. (Quelle: Briefwechsel Krais-Ostwald 1914-1916)

13 Wilhelm OSTWALD (1853–1932), Physikochemiker und Universalgelehrter, 1887/88 Ordinarius und Gründer des Instituts für Physikalische Chemie an der Universität Leipzig, 1905 erste deutsche Austauschprofessur in den USA, u. a. Begegnung mit A. H. MUNSELL, ab 1906 freier Forscher in Großbothen/b. Lpz.; 1909 Nobelpreis für Chemie (Katalyse), ab 1914 Arbeiten an einer Quantitativen Farbenlehre mit Normungsbestrebungen, ab 1917 erschienen im eigenen Verlag Unesma u. a.:

- 1917 Farbenfibel und der Farbenatlas
- 1918 Mathematische Farbenlehre
- 1919 Physikalische Farbenlehre

14 Wilhelm Ostwalds Landhaus «Energie» in Großbothen, wo Otto Prase den freien Forscher im Sommer 1915 besuchte.

15 Zu Ostwalds Kuppelskizze: Farbtongleiche Ebene w b s für Pigmentfarben (w r s = theoretische Grenze) nach Ostwald analog der Kuppelskizze von 1915 (Quelle: Brief Nr. 66 Ostwald an Krais v. 15.10.1915)

18

19

20

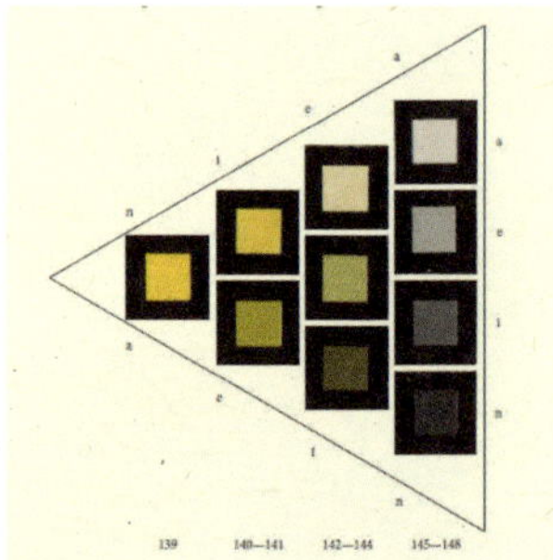

20a

16 Franz August Otto KRÜGER (1868–1938), Landschaftsmaler und Designer, gründete 1897 die Vereinigten Werkstätten für Kunst u. Handwerk in München, führte ab 1909 in Berlin mit Bruno PAUL dessen Atelier und leitete von 1920 bis 1925 die von Ostwald initiierte Deutsche Werkstelle für Farbkunde in Dresden, Bautzener Str. 125.
17 Armierungssoldat (ugs. «Schipper», von Schippe, Schaufel), im heutigen Sprachgebrauch nicht mehr üblich, findet sich aber in etlichen Biografien bekannter Persönlichkeiten, die im Ersten Weltkrieg als Armierungssoldaten eingesetzt waren, unter ihnen Kurt Tucholsky, Carl v. Ossietzky, Karl Liebknecht, Rudolf Breitscheid und Arnold Zweig.
18 Französisch-Flandern, südlich von Lille bei Emmerin
19 Heimatlazarett in Bedburg-Hau bei Kleve
20 Die «Farbenfibel» wurde von Wilhelm OSTWALD als Lehrschrift veröffentlicht und erschien 1917 in seinem Verlag Unesma in Leipzig. Ihr folgten zu seinen Lebzeiten noch 14 weitere Auflagen.
20a In der «Farbenfibel» entwickelt Ostwald auch sein farbtongleiches Dreieck für Körperfarben (im Gegensatz zu farbigen Lichtern).

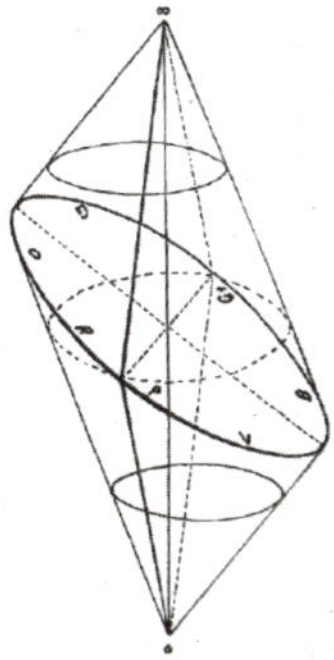

21

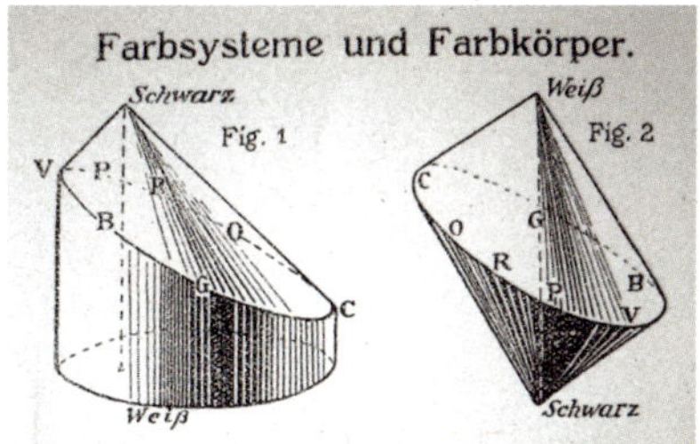

22

23

24

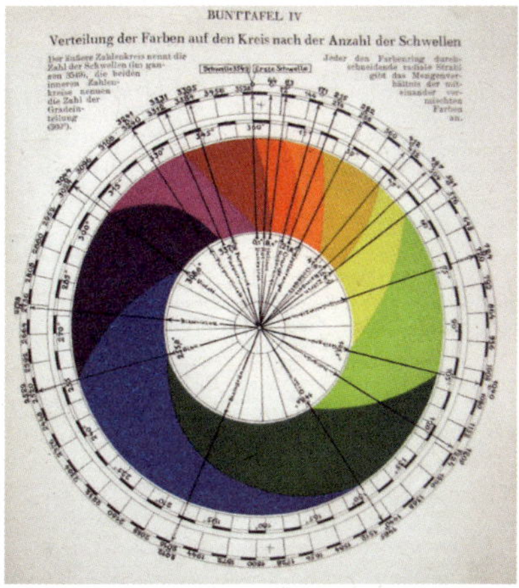

21 August KIRSCHMANN (1860–1932), Psychologe, Schüler von Wilhelm WUNDT in Leipzig, 1893 Nachfolge von BALDWIN als Direktor des Psychologischen Laboratoriums in Toronto (Kanada), 1909 Ruf nach Leipzig zu WUNDT, Leitung der Abt. Maßmethodik und Psychologie der Wahrnehmung; 1895 Konzept eines Doppelkegels mit schiefer Basis
22 Prases Farbkörper im Vergleich zu Kirschmanns schiefem Doppelkegel (rechts) in einer Darstellung von 1928
23 Leipziger Universitätsbibliothek, in der Prase u. a. Goethes Farbenlehre, Runges Farbenkugel und Lamberts Farbenpyramide studierte.
24 Fritz WEISSENBORN (1869–1941), Maler und Kunsterzieher an der Leipziger Akademie für Grafik und Kunstgewerbe, Zusammenarbeit mit August Kirschmann und Otto Prase (z. B. Nutzung von Baumann-Prase-Farbaufstrichen für Untersuchungen von «Wahrnehmungsschwellen» 1921/22, im Bild schematische Darstellung mit Prase-Papieren.

25

26

27

28

25 Deutscher Werkbund, gegründet 1903 in München, u. a. von Peter BEHRENS, Theodor FISCHER, Josef Maria OLBRICH, Bruno PAUL, Richard RIEMERSCHMID Fritz SCHUMACHER (Logo von 1912)
26 Johann Jakob v. HAUCK (1861–1943), Geistlicher und Erzbischof des Erzbistums Bamberg von 1912–1943
27 Adam SENGER (1860–1935), Weihbischof für das Erzbistum Bamberg, korrespondierte 1907 mit Karl MAY zu dessen Werk «Und Friede auf Erden!»
28 Bamberger Dom, Relief am Sockel des Marmorsarkophags von Kaiser HEINRICH II, geschaffen 14999–1513 in der Werkstatt von Tilman Riemenschneider: Der Erzengel Michael legt zugunsten von Heinrich sein Schwert in die Waagschale. Ein «Augurenlächeln» bezeichnet im übertragenen Sinne das wissende Lächeln eines Eingeweihten, der um die Zukunft weiß.
29 Steinsarkophag von KONRAD III, dem ersten römisch-deutschen König aus dem Hause der Staufer, im nördlichen Seitenschiff der Krypta unter dem Ostchor. (Die Inschrift auf der Grabplatte bezeichnet ihn als Kaiser, obwohl Konrad nicht die Kaiserwürde errang.) Das von Prase zitierte Dreiecks-Schild befindet sich auf der Deckplatte des Sarkophags.

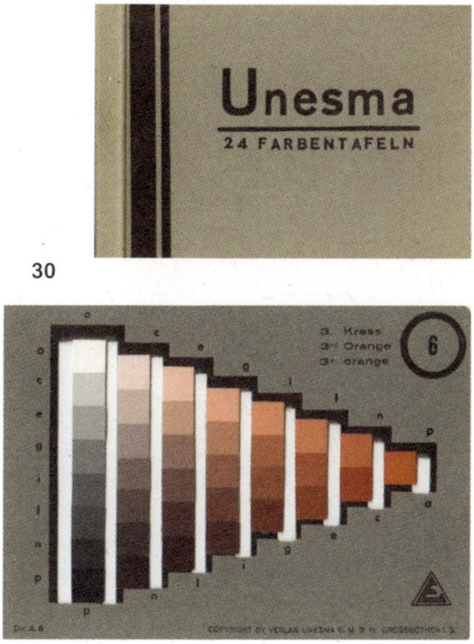

30

Verlag Unesma G.m.b.H., Leipzig, Kantstraße 17

Die Farbe

Sammelschrift für alle Zweige der Farbkunde

In zwanglosen Mappen

herausgegeben von

Wilhelm Ostwald.

Bezugsmöglichkeiten:

Subskription auf alles Erscheinende — auf einzelne Abteilungen — Einzelbezug.

Bisher erschienen:
(Die Abhandlungen ohne Autorangabe stammen vom Herausgeber)

In Abteilung I:

Mathetische Farbenlehre

1. Die Sammelschrift als Zukunftsform des Schrifttums und die Sammelschrift „Die Farbe". — 5. Die Anordnung aller Farben in Reihen und Flächen. — 6. Abgekürzte Farbsysteme. — 7. Farbenstenographie. — 8. Entwicklung und Bedeutung der Farbzeichen. — 15. Die Grundlagen der Farbnormen. — 27. A. v. Lagorio, Über die wissenschaftlichen Aufgaben der Werkstelle für Farbkunde. 28. 29. 34. J. H. Lambert, Farbenpyramide (I., II. u. Schluß). — 37. Der Normenatlas und die Farborgel. 38. Über die Bezeichnung der Farbtöne und der Farbharmonien. — 39. Die logarithmische Grauleiter. — 40. Ph. O. Runge, Farben-Kugel.

In Abteilung II:

Physikalische Farbenlehre

11. Die beste Korngröße. — 19. Die Lehre von der Deckung (I.). — 31. Die Lehre von der Deckung (II). — 35. Neue Fortschritte der Maltechnik. — 42. Der natürliche Schwarzgehalt der kalten Farben und ihre Normung.

In Abteilung III:

Chemische Farbenlehre

4. Goldschmidt, Die weißen Farben in Natur und Technik. — 12. Definition und Messung der Ausgiebigkeit der Farbstoffe. — 20. Zur Lichtempfindlichkeit der Farbstoffe. — 32. Mikrochemische Untersuchung des Malgrundes der Cusanischen Himmelskugel.

In Abteilung IV:

Physiologische Farbenlehre

26. Neue Forschungsmethoden zur Physiologie des Auges.

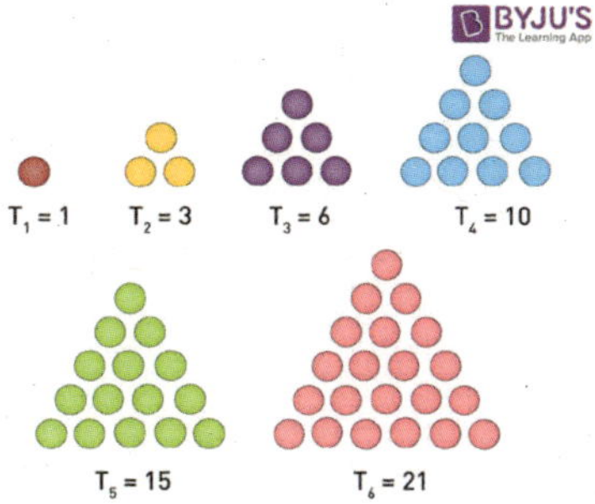

36

30 Die Energie-Werke Großbothen wurden 1913 von Wilhelm Ostwald zur Herstellung seiner Farbtonkarten gegründet, der Unesma Verlag Leipzig für Herstellung und Vertrieb seiner Schriften 1920.
31 Sächs. Ministerialdirektor Dr. Erich KLIEN (1881–1940)
32 Sächs. Regierungsrat Dr. Georg FLOREY (1882–1973), Stellvertreter von Dr. Kiehn
33 Franz August Otto KRÜGER (1868–1938), Landschaftsmaler und Designer, leitete von 1920–1924 die Werkstelle für Farbkunde Dresden. Deren Gründung erfolgte am 1. Okt. 1920 mit Niederlassungen in Chemnitz und Meißen sowie 1921 auch in Reichenbach (Böhmen), siehe auch Anm. 17
34 Abkürzung für «Deutsche Werkstelle für Farbkunde»
35 Ostwalds Absicht zur Ausweitung der auf seiner Farbordnung fußenden Normung auch auf Schulmalfarben (Normalfarben) erfuhr auf dem Bayrischen Farbentag 1921 in München eine Niederlage, da sich eine Gruppe um den Münchener Akademieprofessor DOERNER dagegen verwahrte und der Reichswirtschaftsverband Bildender Künstler sich dem anschloss.
36 Als Trigonalreihe bezeichnet man eine Reihe von sog. Dreieckszahlen: 1, 3, 6, 10, 15, 21, 28, 26 usw., d. h. die n-te Zahl ergibt sich jeweils aus der Summe der Zahlen von 1 bis n.

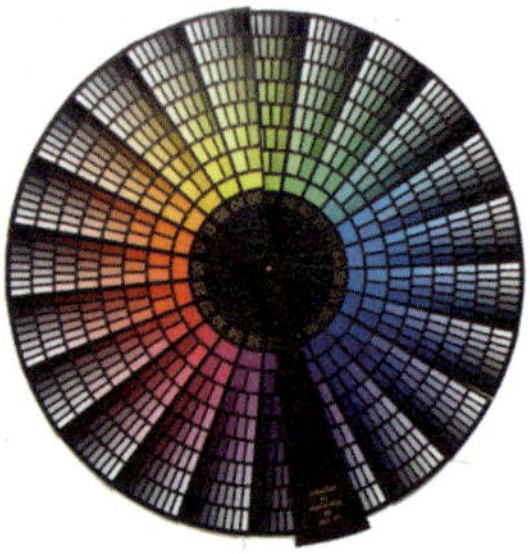

38

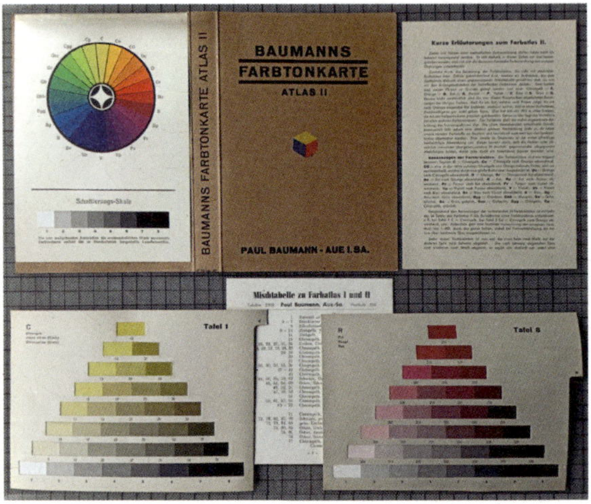

39

40

37 Spezialausstellung «Farbsysteme» in der Berliner Staatsbibliothek 1941, für die Prase besondere Schauobjekte anfertigte (siehe dazu auch Anm. 50 ff.)
38 Otto PRASE entwarf 1922 auf der Grundlage seiner Trigonalreihen-Ordnung u. a. einen Farbenfächer mit 24 farbtongleichen, achtstufigen Sektoren (je 1/24 des Farbenrades) aus je 36 Farbelementen
39 Damit ist der von Prase 1922 entworfene und realisierte «Neue Farbenatlas» gemeint, resultierend aus 24 farbtongleichen Farbpyramiden, gestuft nach Prases Trigonalreihen, den Paul Baumann dann als «Baumanns Farbenatlas II» vertrieb.
40 Medaillen auf dem Briefkopf der Fa. Paul Baumann, Aue/Erzg., Sachsen 1927, auch Auszeichnung BAUMANNs (rechts) durch die Berliner Lukasgilde (Erfinder-Diplom u. Professorentitel)

41

42

43

41 Lukasgilden waren die zunftartigen Bruderschaften von Malern, Bildschnitzern und Buchdruckern. So bezeichnet man traditionell auch Maler- und Lackierer-Innungen, benannt nach dem Evangelisten Lukas als Maler, der als Namenspatron drei Schilde im Wappen (oben Mitte) führt.

42 Sankt Lukas mit einem Heiligenschein, Namenspatron der Maler

43 Farbenfabrik E. T. GLEITSMANN in Dresden, Farbwerk mit Leinölfirniskocherei, zwei Rußbrennereien und einer Harzdestillation. Das Unternehmen produzierte dort neben trockenen Buntfarben auch Sicherheitsdruckfarben für Banknoten und Briefmarken.

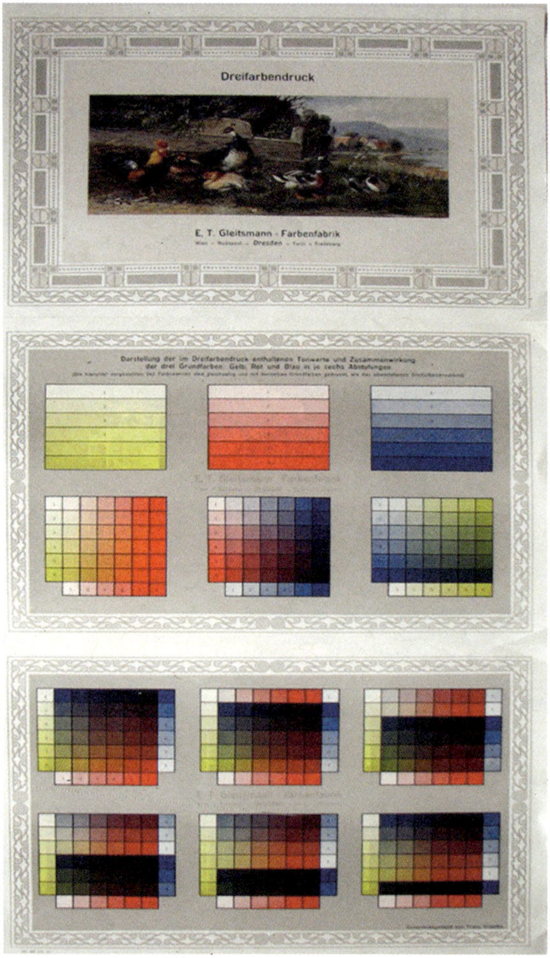

44

44 Zur Begegnung 1927 im Buchgewerbehaus Leipzig mit Franz KRÄTKE (Grafiker), von dem die abgebildete Tafel zum Dreifarbendruck gestaltet wurde.

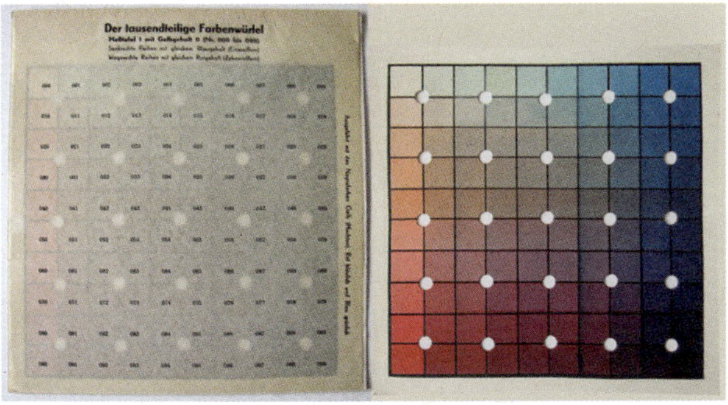

45

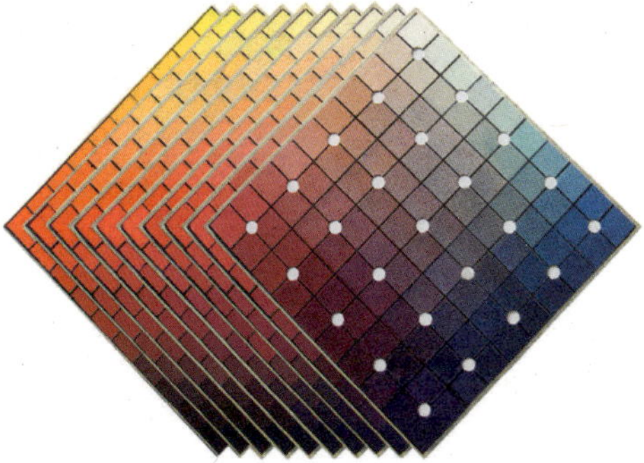

46

45 Eine der von Otto PRASE später ausgeführten Ebenen seines Dreifarbenplans: Meßtafel 1 des Tausendteiligen Farbenwürfels mit dem Gelbgehalt 0 (000-099), darunter die zehn Meßtafeln (000-999), in Handausführung, Mai 1945, Lößnitz/Erzg. (Fotomontage Bendin)
46 Das Werkstattgebäude im Hinterhof der damaligen Auer Str. 92 B (heute Rudolf-Weber-Str. 55) in Lößnitz/Erzg., in dem Prase 1945 in den letzten Kriegstagen eine Kleinserie seines Tausendteiligen Würfels anfertigte.
47 Institut für Polygraphsche Technik in Leipzig, Forschungsinstitut der Polygraphischen Industrie der DDR

48

49

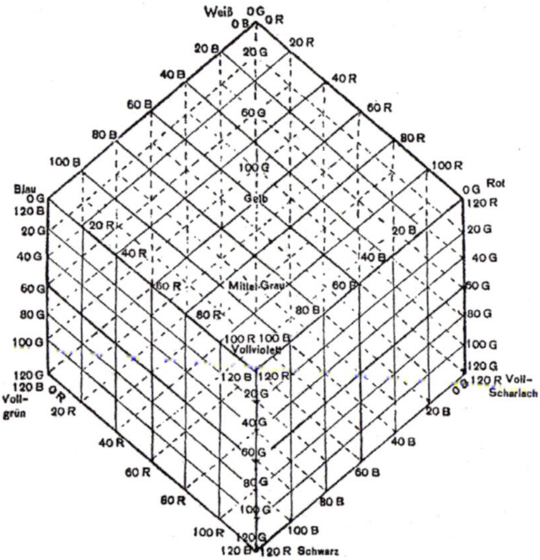

50

48 4. Tagung des Fachnormenausschuss Farbe (FNF) im Deutschen Normenausschuss (DNA) e.V. am 20. April 1951 im Materialprüfungsamt Berlin-Dahlem unter Vorsitz von Dr. Manfred RICHTER (Foto). Manfred RICHTER (1905–1990), Photophysiker, Farbmetriker, Diss. zu Goethes Farbenlehre bei Robert LUTHER am WPI in Dresden, Gründer des Deutschen Farbenausschuss 1941, ab 1949 Leiter des Farbforschungslabors am MPA Berlin (später BAM), apl. Prof. an der TU Berlin 1953, Gründer der Deutschen farbwissenschaftlichen Gesellschaft DfwG 1974, Herausgeber der Zeitschrift DIE FARBE und Schöpfer der Farbtonkarte DIN 6164 (1962)
49 UNIFAKA = Vorschläge und Versuche zu einer Universal-Farbtonkarte aufgrund von Farbkreiselmessungen, ausgeführt mit Nagrafarben (Otto PRASE, Lößnitz 1944–1946)
50 Farbwürfel nach Max BECKE (1861–1932), 120-Einheiten-System, Wien 1923/24

51

52

54

55

56

51 Siegfried RÖSCH (1899–1984), Mineraloge und Kristallograf, 1926 Habilitation zur Farbenlehre in der Mineralogie, Privatdozent an der Universität Leipzig, 1942 apl. Prof. an der Universität Gießen, Gründungsmitglied des Fachnormenausschuss Farbe (FNF)

52 Tagung «Film und Farbe» 1942 am Wissenschaftlich-Photographischen Institut (WPI) der Technischen Hochschule in Dresden (rechts) unter Leitung von Robert LUTHER (darunter). Robert LUTHER (1868–1945), Physikochemiker und Farbmetriker, 1901 Subdirektor am Physikal.-Chem. Inst. in Leipzig bei OSTWALD, o. Prof. und Gründer des Instituts f. Wiss. Photografie an der Technischen Hochschule Dresden

53 Tagung des Deutschen Farbenausschuss (DFA) 1948 in Berlin-Dahlem unter Vorsitz von Manfred RICHTER

54 Enno HEIDEBROEK (1876–1955), Prof. Dr., Maschinenbau-Ing., Rektor der Techn. Hochschule Dresden von 1945 bis 1947

55 Martin DÜLFER (1859–1940), Architekt, Theaterbaumeister, 1902 Titularprofessor in München und 1906 o. Prof. in Dresden, 1908–1912 Vorsitzender des Bundes der Architekten

56 August KLUGHARDT (1887–1970), Physiker, Privatdozent, später a. o. Prof. f. Optik und Farbenlehre bei Robert LUTHER am WPI Dresden, Doktorvater von Manfred RICHTER, 1926 Leiter der wiss. Abt. d. Werkstelle f. Farbkunde Dresden, 1946–1950 Leiter des Farbforschungslabors an der TH Dresden

Nachwort

Andreas Emil Otto Prase erblickte am 29. Dezember 1874 in Heringen/b. Nordhausen das Licht der Welt. Seine aus Rudolstadt/Thüringen stammende Mutter Emma Prase arbeitete dort kurzzeitig als Hebamme. Nach kurzer Zeit holten die Großeltern das Kind nach Rudolstadt, wo es unter der besonderen Fürsorge der Großmutter Friedericke John-Geppert, verwitwete Prase, aufwuchs.

Ottos leiblicher Vater Eduard Franke war Lehrer in Gleima bei Leutenberg (im heutigen Landkreis Saalfeld/Rudolststadt), wanderte in die deutschsprachige Kolonie Osorno (Südchile) aus. Ottos Mutter hingegen heiratete einen verwitweten Cousin von Ottos Vater, einen Farbriktischler mit vier Söhnen aus erster Ehe. Durch eine beruflich als Hebamme zugezogene Vergiftung erlitt sie später das Schicksal langjähriger Lähmung.

Otto Prase konnte 1889 beim Bruder seiner Mutter, dem Dekorationsmaler Alfred Prase, eine Malerlehre beginnen. Seine Wanderjahre als Malergehilfe führten ihn u. a. nach Hannover, Hamburg, Lüchow und Plau in Mecklenburg, Jena, Heidelberg und Saalfeld, bevor er schließlich Ende März 1900 in Ilmenau/Thüringen als 1. Gehilfe des aus Brenz/b. Parchim in Mecklenburg stammenden Obermeisters David Schröder tätig wurde.

Bereits Jahre zuvor war er in den Verband der Maler eingetreten und hatte 1898 eine Wohnung in Cumbach/b. Rudolstadt bezogen. Dort heiratete er wenig später Rosa Friederike Ida Laura Schmidt und im Mai 1899 kam dann der erste Sohn Waldemar Eduard Wilhelm Prase zur Welt. 1900 folgte ein Umzug nach Ilmenau, wo im Juni 1910 auch der zweite Sohn Hellmuth geboren wurde.

Beim Ilmenauer Obermeister Schröder legte Prase vor einer Prüfungskommission aus Weimar die Meisterprüfung als Dekorationsmaler ab und betätigte sich nebenbei bereits mehrfach fachschriftstellerisch. So entwickelte er bereits auch «Grundzüge einer Farbenordnung und Benennung» und konnte diese 1910 in der Deutschen Malerzeitung «Die Mappe» zum Abdruck bringen. Otto Prases Weg führte dann folgerichtig zum Farbkartenhersteller Paul Baumann ins erzgebirgische Aue, wo er sich die Umsetzung seiner Vorstellungen über eine bessere Benennung und Ordnung der Farbtöne für die Zwecke des Maler- und Lackiererhandwerks erhoffte.

Obermeister David Schröder ließ damals seinen langjährigen 1. Gehilfen nur ungern zu Paul Baumann nach Aue/Erzgeb. gehen und stellte ihm ein gutes Zeugnis aus. Ausgerüstet mit viel praktischer Erfahrung und innovativem Geist konnte der nunmehr 36-Jährige in Baumanns Malerwerkstätten in Aue in eigener Regie alle herstellungstechnischen Bedingungen schaffen, deren Hürden in kürzester Zeit überwinden und bereits nach einem Jahr die Frucht angestrengter Arbeit in Gestalt einer – in technischer wie praktischer und gestalterischer Hinsicht – vorbildlichen «Neuen Farbtonkarte – System Prase» ernten.

Mit anschaulichen Schilderungen jener Bestrebungen beginnen Prases reichlich 50 Jahre später zu Papier gebrachten «Lebenserinnerungen». Darin nimmt er uns mit in seinen spezifischen Werdegang aus seiner Erfahrungsperspektive angestrengten Bemühens über fünf Jahrzehnte hinweg. Sein Lebensweg ist erfüllt von Entwicklungsarbeit und seinen Tätigkeiten als Geschäftsführer der Farbkartenherstellung, als Gestalter und Betreuer von Messeauftritten, gezwungenermaßen auch als Provisionshändler sowie als Arbeitsuchender und Lohnarbeiter in Chemnitz bzw. als selbstständiger Gewerbetreibender ab 1933 in Lößnitz, der ab 1940 von einer bescheidenen Invalidenrente leben musste (und erst wenige Monate vor seinem Tod durch eine schmale Ehrenrente erste öffentliche Anerkennung erleben durfte).

Otto Prase verfasste das vorliegende Manuskript vermutlich 1954, zwei Jahre vor seinem Tod im Alter von knapp 80 Jahren. Die erhalten gebliebene, maschinengeschriebene Abschrift enthält im Titel den Zusatz «Fragment». Es ist also davon auszugehen, dass Prase seine autobiografische Niederschrift nicht vollendete. Sie endet aber wiederum schlüssig mit einer Episode, die Prase selbst als kurios bezeichnet, bezeichnend für den bitter-optimistischen Humor, der dem Verfasser offenbar aus seiner Lebenserfahrung als «nicht-akademischer Außenseiter» zugewachsen war und der aus vielen seiner Schilderungen immer wieder selbstaufrichtend herausleuchtet. So lesen sich die Lebenserinnerungen des alten Malermeisters nicht nur als ein Dokument individuell reflektierter Zeitgeschichte, sondern auch als Psychogramm einer schöpferisch begabten Natur, die für ihre innovativen Leistungen zu Lebzeiten nur wenig öffentliche Anerkennung erhielt.

Trotz wiederholter Enttäuschungen durch demütigende Unterbewertung und Ausnutzung seiner schöpferischen Leistungen – zum Teil auch durch herabsetzende Ausgrenzung seiner Person als nichtakademischer Autodidakt – folgte er unbeirrt seinem Drang nach fachlicher Problemlösung. Dabei vergönnte ihm sein Schicksalsweg mehrfach aber auch erfreuliches Verständnis, Sympathie und Anerkennung seitens ähnlich bemühter akademischer Fachkollegen. In seinen Schaffensjahren begegnete er fast allen bedeutenden Vertretern seiner Zunft, aber auch den wichtigsten Protagonisten der in der ersten Hälfte des vergangenen Jahrhunderts sich im Mitteldeutschen Raum besonders konzentriert herausbildenden Farbwissenschaft. So zählten dazu neben seinem Brotherrn, dem Malerkollegen und Farbkartenhersteller Paul BAUMANN und dessen in jener Sache schärfstem Konkurrenten Wilhelm OSTWALD – als Universalgelehrter erst als freier Forscher intensiv ab 1914 der Entwicklung und Herstellung von Referenz- und Lehrmitteln zur Farbenlehre zugewandt – in Leipzig z. B. auch der namhafte Physiologe Ewald HERING und der Experimentalpsychologe und WUNDT-Schüler August KIRSCHMANN, der Mineraloge und Farbwissenschaftler Siegfried RÖSCH sowie der Maler und Kunstprofessor an der Leipziger Akademie für Grafik und Kunstgewerbe Fritz WEISSENBORN. Prase begegnete in Dresden auch den Farbwissenschaftlern Robert LUTHER, August KLUGHARDT und Manfred RICHTER, dem Textilchemiker Paul KRAIS sowie dem namhaften Theaterbaumeister Martin DÜLFER. Otto Prases Stellenwert in diesem außergewöhnlichen fachlichen Reigen charakterisierte August Klughardt einmal zutreffend als den eines «gediegenen Autodidakten».

Wir schauen heute – 100 Jahre später mit zeitlich erweitertem Blick – auf die innovative Lebensleistung dieses «gediegenen Autodidakten» mit Respekt und Bewunderung zurück – auch nicht ohne einige Verwunderung – und fühlen in mehrfacher Hinsicht die Notwendigkeit einer anerkennenden Aufwertung der bemerkenswert hingebungsvollen Passion eines begabten «Meisters» im althergebrachten Sinne.

Wir verdanken Otto Prases Niederschrift auch die Mitteilung seiner persönlichen Einsichten und Bewertungen der wechselvollen, von zwei Weltkriegen und wirtschaftlichen Niedergängen flankierten Geschehnisse. Seine Retrospektive offenbart dabei nicht nur die auf das Individuum heruntergebrochenen Komplikationen durch jene Verhältnisse, sondern legt uns auch Zeugnis ab von Prases stoischer Begabung zu deren «menschlicher» Bewältigung. Obwohl man es durchaus tragisch nennen kann, dass seine zielstrebige, schöpferische Natur durch Missachtung seiner Urheber-Rolle im Spannungsfeld der konkurrierenden Unternehmer Paul Baumann und Wilhelm Ostwald offenbar belastet war, bewahrte er sein Selbstwertgefühl in Hoffnung auf «nachwachsende» Einsichten.

Soweit es möglich war, habe ich Prases Erinnerungen mit Bildhinweisen und Anmerkungen zu den betreffenden Personen und Ereignissen untersetzt. Um den Bericht biografisch abzurunden, müssen auch noch seine Bemühungen im letzten Lebensabschnitt gebührend erwähnt werden.

Nachdem Otto Prase das Geschäft von Paul Baumann verlassen und sich 1933 als Gewerbetreibender für Malerbedarf und Kunsthandwerk angemeldet hatte, erwarb er dazu 1935 im benachbarten Lößnitz ein Gebäude in der Auer Str. 92 B. Eine Kundeninformation klärt uns über seine Angebote auf: Silber-Elastik-Dekorationsrollen, Farbtonkarten und Malerbedarf (Abb. 1).

OTTO PRASE | LÖSSNITZ (ERZGEB.)
Silber - Elastik - Dekorationsrollen | Farbtonkarten / Malerbedarf aller Art

Postscheckkonto: Leipzig Nr. 115281
Bankkonto: Stadtbank Lössnitz (Erzg.) Nr. 159
Fernsprecher: Amt Aue (Sa.) Nr. 2588
durch Herrn E. Schmutzler

Lössnitz (Erzgeb.),
Auer Straße 92 B.

Abb. 1

Nachgelassene Notizen zu Geschäftsreisen, darunter auch ein von Prase entworfenes Konzept vom 10.12.1937 zur Beschwerde über unangemessene öffentliche Kritik der Baumann-Prase-Farbtonkarte durch den Geschäftsführer der OSTWALD GmbH, Ernst MEYER, belegen, dass Prase und Baumann weiterhin in beiderseitigem Interesse zusammenarbeiteten (Abb. 2).

In seinen Erinnerungen schilderte Prase bereits einige Episoden in den 40er- und 50er-Jahren (Arbeiten für die Staatsbibliothek Berlin, Besuch von Tagungen in Berlin-Dahlem und Dresden, Arbeiten am

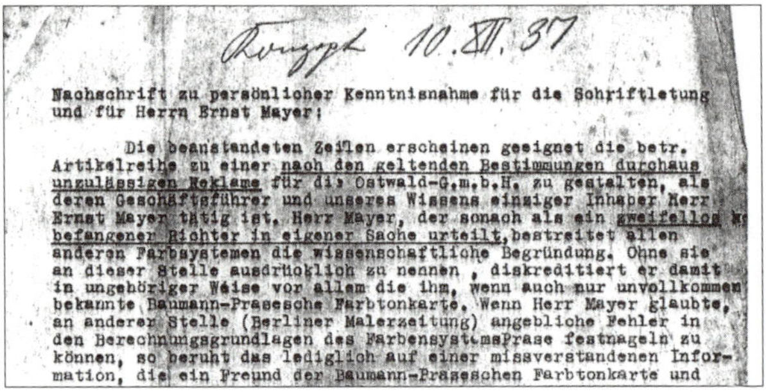

Konzept 10.XII.37

Nachschrift zu persönlicher Kenntnisnahme für die Schriftletung und für Herrn Ernst Mayer!

Die beanstandeten Zeilen erscheinen geeignet die betr. Artikelreihe zu einer nach den geltenden Bestimmungen durchaus unzulässigen Reklame für die Ostwald-G.m.b.H. zu gestalten, als deren Geschäftsführer und unseres Wissens einziger Inhaber Herr Ernst Mayer tätig ist. Herr Mayer, der sonach als ein zweifellos befangener Richter in eigener Sache urteilt, bestreitet allen anderen Farbsystemen die wissenschaftliche Begründung. Ohne sie an dieser Stelle ausdrücklich zu nennen, diskreditiert er damit in ungehöriger Weise vor allem die ihm, wenn auch nur unvollkommen bekannte Baumann-Prasesche Farbtonkarte. Wenn Herr Mayer glaubte, an anderer Stelle (Berliner Malerzeitung) angebliche Fehler in den Berechnungsgrundlagen des FarbensystemsPrase festnageln zu können, so beruht das lediglich auf einer missverstandenen Information, die ein Freund der Baumann-Praseschen Farbtonkarte und

Abb. 2

Tausendteiligen Würfel u. a.). In die Zeit von 1944 bis 1952 fielen auch intensive Experimentalstudien zur Farbenlehre zur Schaffung eine Universalfarbtonkarte UNIFAKA, die Prase in sechs Teilen im Selbstverlag veröffentlichte (siehe Teil II.5). Objektive Schwierigkeiten bei der Klischee-Herstellung in der Graphischen Kunstanstalt REBNER & Co. Leipzig verzögerten jedoch deren Umsetzung, sodass die zeitgleiche Parallelentwicklung und Veröffentlichung eines ausgereiften Druckfarbensystems durch Alfred HICKETHIER (1903–1967) 1952 bei Osterfeld in Hannover Prases «Entwurf einer 36-teiligen Farbmeßkarte» schließlich den Rang ablief (Abb. 3).

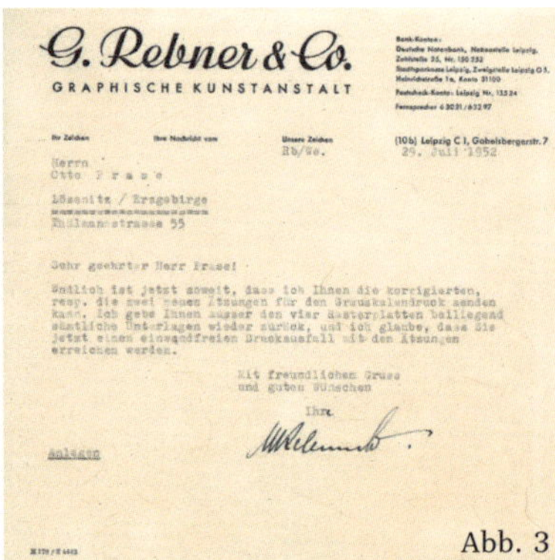

G. Rebner & Co.
GRAPHISCHE KUNSTANSTALT

Bank-Konten:
Deutsche Notenbank, Nebenstelle Leipzig, Zahlstelle 35, Nr. 150 252
Stadtsparkasse Leipzig, Zweigstelle Leipzig O 5, Heinrichstraße 1a, Konto 31100
Postscheck-Konto: Leipzig Nr. 135 24
Fernsprecher 63031/63297

Ihr Zeichen | Ihre Nachricht vom | Unsere Zeichen Rb/We. | (10b) Leipzig C 1, Gabelsbergerstr. 7, 29. Juli 1952

Herrn
Otto Prase

Lössnitz / Erzgebirge
Thälmannstrasse 55

Sehr geehrter Herr Prase!

Endlich ist jetzt soweit, dass ich Ihnen die korrigierten, resp. die zwei neuen Ätzungen für den Grauskalendruck senden kann. Ich gebe Ihnen ausser den vier Musterplatten beiliegend sämtliche Unterlagen wieder zurück, und ich glaube, dass Sie jetzt einen einwandfreien Druckausfall mit den Ätzungen erreichen werden.

Mit freundlichem Grusse
und guten Wünschen

Ihr

Anlagen

Abb. 3

Im nachfolgenden Teil II (Dokumentation zum Werk) kann nur ein bescheidener Gesamtüberblick über Prases Arbeiten zur Farbsystematik vermittelt werden, ergänzt durch eine von ihm 1952 selbst erstellte Bibliografie. Ergänzend wird dort auch auf mehrere Versuche der System-Weiterentwicklung in den 70er- und 80er-Jahren durch Manfred ADAM (1901–1987), Gerhard ZEUGNER (1914–2009) und Stefan EUSEMANN (1924–2005) hingewiesen als erfreuliche Belege wiederholter fachlicher Rezeption der Vorleistungen Otto Prases.

Aus heutiger Sicht ist vielleicht auch interessant, dass Paul Baumann sich 1955 im Bestreben nach Verbesserung und Anpassung seiner Farbtonkarten an Manfred ADAM wandte mit der Bitte um Beratung hinsichtlich der von Manfred RICHTER inzwischen entworfenen Farbtonkarte nach DIN 6164. Adams brieflicher Empfehlung vom 16.03.1955 an Baumann (NL Adam, Sammlung Farbenlehre TU Dresden) können wir entnehmen, dass er die Vorzüge des Prase-Systems für das Malerhandwerk im Vergleich zu Ostwald und Richter anerkennend hervorhebt. Sicher wäre es für Otto Prase in seinem letzten Lebensjahr eine späte Genugtuung gewesen, wenn er davon erfahren hätte, dass sich ausgerechnet der ehemalige Gehilfe Ostwalds als Anwalt für ihn einsetzte (Abb. 4).

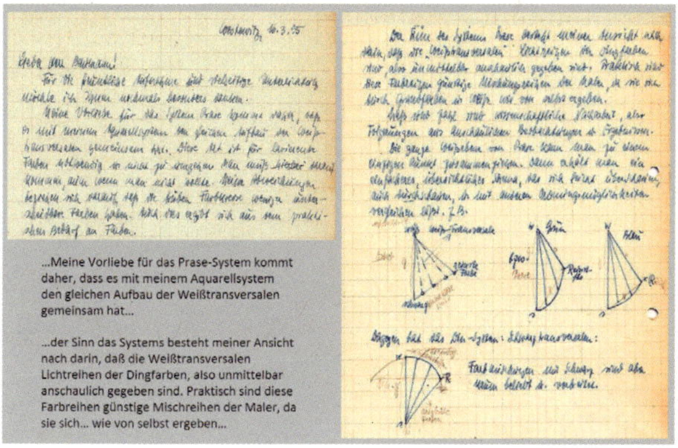

Abb. 4

Neben den erwähnten Versuchen einer Weiterentwicklung von Farbtonkarten nach dem System Prase blieb eine breite Prase-Rezeption bislang aus. Auch weil die einschlägigen Industriefarben-Hersteller den Verbrauchern zunehmend konfektionierte Anstrichstoffe als Serviceleistung bereitstellen konnten (Abtönpasten und Farbmischservice in Baumärkten z. B.), orientierten sich die Musterkarten stärker an einer Visualisierung der Mischergebnisse als an zugrunde liegenden Mischvorgängen und Pigmentverhältnissen. Nur spezielle Hersteller- und Anwendersegmente (z. B. Farbmanufakturen) legen bis heute noch Wert darauf, wie die Schweizer Farbmanufaktur kt.COLOR von Karin TRAUTWEIN, die seit 2000 eine Palette von Architekturfarben aus natürlichen Pigmenten nach LE CORBUSIER anbietet und sich bezeichnenderweise dabei auch auf die legendäre Baumann-Prase-Farbtonkarte von 1912 bezieht (Abb.5).

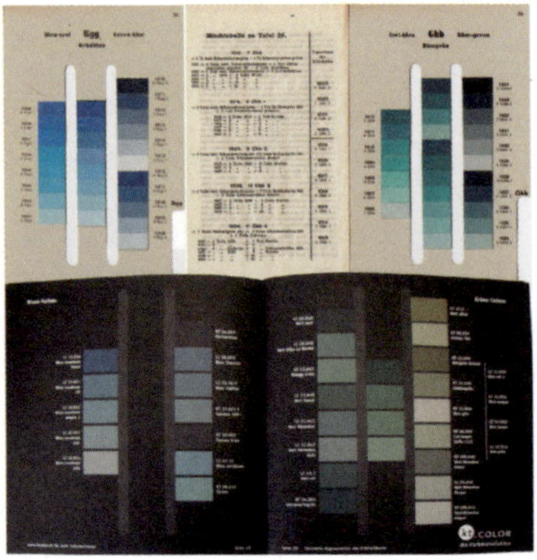

Abb.5
oben: Baumann-Prase 1912
unten: kt.COLOR Informationen 2001, 5. Aufl.

Im Jahr 2006 organisierte die Sammlung Farbenlehre der Technischen Universität Dresden eine gemeinsame Jahrestagung der Deutschen farbwissenschaftlichen Gesellschaft DfwG und des Deutschen Farbenzentrums DFZ und würdigte dabei auch die Pionierarbeit von Otto Prase anlässlich seines 50. Todestages mit einem Vortrag und einer Ausstellung. Ein Jahr zuvor hatten sich die Nachkommen von Otto Prase und Paul Baumann zum ersten Mal zu einem Gedankenaustausch getroffen und aus ihren privaten Nachlässen Archivalien hierfür bereitgestellt (Abb. 6 und 7).

Abb. 6
Magdalena Prase (Enkelin, 2. v. li.) und Frank Prase (Ur-Enkel, 1. v. li.), Sept. 2006 in der ALTANA-Galerie der TU Dresden (re.: Eckhard Bendin)

Abb. 7
In der Ausstellung 2006 u. a.: Klischee und Probedrucke zu Prases Farbmeßtafeln von 1952

Abb. 8
Der Farbenfächer als «Aufmacher» im Gewerbemuseum Winterthur 2010

Abb. 9
Die Farbtonkarten von 1912 im Studio der Sammlung Farbenlehre der TU Dresden

Wenig später fanden die historischen Beiträge von Otto Prase und Paul Baumann eine erste Würdigung im Standardwerk zur Geschichte der Farbenlehre von Rolf G. Kuehni und Andreas Schwarz, «Color Ordered», Oxford 2008.

2010 folgten dann weitere Ausstellungen in Dresden sowie im Gewerbemuseum Winterthur (CH), wo auch der Farbenfächer wieder Bewunderung fand, ebenso 2012 im Studio der Sammlung Farbenlehre anlässlich «100 Jahre Baumann-Prase-Farbtonkarte» (Abb. 8 und 9).

Die Ausstellung «Schnittstelle Farbe III» in der Sammlung Farbenlehre der TU Dresden 2015 stellte Prases Systematik in den Kontext zu anderen Systematiken wie denen von Ostwald, Adam oder Zeugner (Abb. 10).

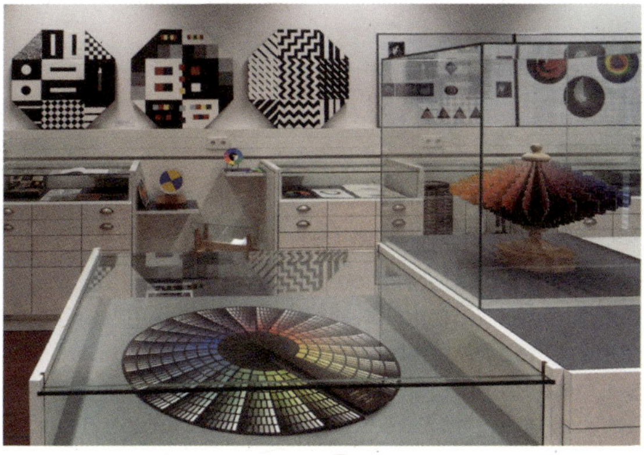

Abb. 10
Ausstellung «Schnittstelle Farbe III» im Studio der Sammlung Farbenlehre der TU Dresden 2015

Abb. 11 und 12
Sonderausstellung «Farbkarten aus Aue» 2017 im Stadtmuseum Aue

2017 zeigte schließlich das Stadtmuseum Aue eine Sonderausstellung zur heimischen Farbkartenproduktion, in der auch die Baumann-Prase-Nachfolgeproduktion in der Auer Produktionsgenossenschaft des Handwerks «Farbe & Raum» einen besonderen Stellenwert bekam. Kuratiert wurde sie von Frieder Heinz (ehem. Vorsitzender der PGH Farbe & Raum) und Hansuwe Baumann (Enkel von P. Baumann), unterstützt durch Thomas Kanthak, Sammlung Farbenlehre der TUD (Abb. 11 und 12).

Hier sei auch noch einmal allen Angehörigen der Familien Baumann und Prase gedankt, die daran mitgewirkt haben, das historische Erbe der Entwicklung und Herstellung von Farbtonkarten in Sachsen nachkommenden Generationen zu bewahren.

Zur Vorbereitung dieses kleinen Buches zum 150. Geburtstag von Otto Prase hatte ich dessen Ururenkel Björn Prase sowie Hansuwe Baumann in die Sammlung Farbenlehre eingeladen. Wie bereits Hansuwe Baumann wurde Björn Prase inzwischen von seiner Familie mit der weiteren Geschichtspflege betraut.

Besonderen Dank schulde ich jedoch den unvoreingenommenen Angehörigen der Enkelgeneration: Magdalena Prase (†), Dorothea E. Prase (†) und Hansuwe Baumann.

Ihre Aufgeschlossenheit und Unterstützung waren die Grundlage für das Anliegen einer angemessenen Würdigung der individuellen und gemeinschaftlichen Leistungen, die Otto Prase und Paul Baumann im vergangenen Jahrhundert erbrachten.

Abb. 13
Die Prase-Nachkommen v. l. n. r.: Frank Prase, Magdalena Prase, Björn Prase, Dorothea E. Prase und Tilo Prase 2005 beim ersten Treffen in Chemnitz

Abb. 14
v. l. n. r.: Magdalena Prase, Hansuwe Baumann und Dorothea E. Prase 2005 in Chemnitz

Abb. 15
Björn Prase 2024 in der Sammlung Farbenlehre

Selbst nun nur ein wenig älter als Otto Prase einst bei der Niederschrift seiner Lebenserinnerungen, bin ich heute froh und dankbar, vor Jahrzehnten durch eine Randnotiz Heinrich FRIELINGs in seinem Buch «Gesetz der Farbe» auf das Werk Otto Prases aufmerksam geworden zu sein. Auch hat meine Tätigkeit in den vergangenen vier Jahrzehnten mir immer wieder Einblicke in verschiedene Biografien gewährt, die mit der Geschichte der Farbenlehre eng verknüpft waren. Deren Gesamtgeschichte kann uns anmuten wie ein historisch gewachsenes, menschliches Netzwerk mit Gleichnissen, das uns wie ein Märchen auch reich an «scheinbaren» Zufällen und «ewigen» Wahrheiten erscheint.

Bei aller Subjektivität sollten wir auch Prases «Lebenserinnerungen» in diesem Sinne vielleicht gleichnishaft als erstaunliches und gleichsam berührendes «menschliches Netzwerk im Kleinen» aufnehmen und bewahren.

Eckhard Bendin

Kurzbiografie Otto Prase

1874	Andreas Emil Otto Prase wird am 29. Dezember in Heringen/b. Nordhausen geboren, wächst in Rudolstadt/Thüringen auf und erhält dort die erste fachliche Ausbildung bei seinem Onkel, dem Dekorationsmaler Alfred Prase.
1892–1900	Seine Wanderschaft als Malergehilfe führt ihn u. a. nach Hannover, Hamburg, Lüchow und Plau in Mecklenburg, Jena und Heidelberg, bevor er schließlich in Ilmenau/Thüringen als 1. Gehilfe des Obermeisters David Schröder tätig wird, dort seine Meisterprüfung ablegt und sich bereits nebenbei mehrfach fachschriftstellerisch betätigt.
1909–1911	1909 entwickelt Prase «Grundzüge einer Farbtonordnung und Benennunng» kann diese 1910 in der Deutschen Malerzeitung «Die Mappe» zum Abdruck bringen, bewirbt sich beim Farbkartenhersteller Paul Baumann in Aue/Sachsen und tritt 1911 in dessen Unternehmen zur Herstellung von Farbtonkarten ein.
1912	Nach einem knappen Jahr Produktionsvorbereitung unter Prases Leitung wird «Baumanns Neue Farbtonkarte – System Prase – (1359 Farbtöne)» herausgegeben.
1912/13	Die neue Farbtonkarte erhält auf Fachausstellungen in Dresden (1912) und Leipzig (1913) hohe Auszeichnungen. Dort u. a. Begegnung mit dem Leipziger Physiologen Ewald Hering.
1913/14	Bis zum Ausbruch des 1. Weltkrieges ist Prase noch als Provisionsreisender für das Unternehmen Paul Baumann tätig, danach gelegentliche Maler- und Anstreicherarbeiten in Schwarzenberg und Chemnitz
1915	Denkwürdige Begegnung mit Wilhelm Ostwald in Großbothen/b. Leipzig auf dessen Einladung. Im gleichen Jahr noch Musterung und Einsatz an der Front in Französisch-Flandern.

1917	Zufällige Bekanntschaft während des Krieges im Ersatzbataillon in Leipzig mit August Kirschmann, einem Assistenten von Wilhelm Wundt. Durch dessen Vermittlung Studium grundlegender Werke der Farbenlehre in der Leipziger Universitätsbibliothek.
1920–1923	Entwicklung eines neuen Farbenatlas (680 Stufungen in Trigonalreihe) mit Farbenfächer und Schauobjekten (Auszeichnungen mit 5 Goldmedaillen an P. Baumann), weitere Arbeiten am Dreifarbenplan, d. h. am Tausendteiligen Würfel für den Mehrfarbendruck, Veröffentlichung der Grundgedanken im Herbst 1923 in der Deutschen Malerzeitung «Die Mappe».
1928	Die 3., verbesserte und erweiterte Ausgabe der Baumann-Prase-Farbtonkarte erscheint 1928.
1933/35	Anmeldung eines Gewerbes für Malerbedarf und Kunsthandwerk und Erwerb eines Wohn- und Werkstattgebäudes in Lößnitz (heute Rudolf-Weber-Str. 55) für Herstellung und Vertrieb von Silber-Elastik-Musterwalzen, Farbkarten sowie Malerbedarf aller Art.
1940	Invalidität durch Erkrankung. Sein Sohn Waldemar führt das Geschäft noch bis 1945 weiter.
1943–1952	Prase arbeitet weiter am Dreifarbenplan und veröffentlicht sechs Experimentalstudien zur Farbenlehre im Eigenverlag, darunter «Skizze eines Tausendteiligen Farbenwürfels» (1945) und «UNIFAKA – Vorschläge und Versuche zu einer Universal-Farbtonkarte auf Grund von Farbkreiselmessungen, ausgeführt mit Nagrafarben» (1944/1946).
1954	Entstehung des autobiografischen Fragments «Aus den Lebenserinnerungen eines alten Malermeisters».
1956	Drei Monate vor seinem Tod gewährt man ihm noch eine kleine Ehrenrente. Otto Prase stirbt am 25. Juni im Alter von 81 Jahren in Lößnitz.

TEIL II
Dokumentation zum Werk von Otto Prase

II.1 Bibliografie zum Werk von Otto Prase

II.2 Otto Prases Systementwicklungen (Bildhinweise)
- Baumanns Neue Farbtonkarte-System Prase
- Dreifarbenplan, Tausendteiliger Würfel, Farbmeßtafeln
- Farbenatlas II mit Farbenfächer und Farbkörperschnitten
- Experimentalstudien

II.3 Parallel- und Weiterentwicklungen (Bildhinweise)
Ostwald 1917, Becke 1923, Blecher 1932/43,
Hickethier/Rösch 1943/52/63/72, Müller 1951,
Adam 1974, Eusemann 1975/82/85/95, Zeugner 1989

II.4 Bibliografie zur Prase-Rezeption

Bibliografie zum Werk von Otto Prase

Chronologische Zusammenstellung unter Bezug auf Otto Prases Literaturnachweis in der textlichen Ergänzung der «Experimentalstudien zur Farbenlehre. Dritter Teil: UNIFAKKA», Selbstverlag Otto Prase, Lößnitz 1946, S. 32–36

[1] Farbenskalen und Farbenbezeichnung. Vorschläge zu einer einheitlichen Benennung sämtlicher Farbtöne. In: «Die Mappe», Bd. 30 (1910), H. 19–21 *(Anm. d. Hg. Prase weist in seinem Literaturnachweis von 1946 darauf hin, dass in diesem Aufsatz zum ersten Mal bereits sechs Jahre vor Ostwald ähnlich formulierten Prinzipien auf die grundlegende Wichtigkeit der Zusammensetzung jedes Farbtones aus den drei optischen Elementen – reiner Farbe, Schwarz und Weiß – hingewiesen wurde.)*

[2] Die Farbtöne, ihre Abstufung und Benennung. In: Malerzeitung 32. Jahrg. (1911) Nr. 33 u. 34, Verlag Jüstel u. Göttel, Leipzig

[3] Die Nuancenbezeichnung der Körperfarben. In: Farbenzeitung 17. Jahrg. (1912) Heft 45, Union Deutsche Verlagsgesellschaft Berlin

[4] Baumanns Neue Farbtonkarte-System Prase. Übersichtskarte in Taschenformat, zugleich Farbenmaßstab. Farbenlexikon und Mischtabelle, 1359 handgestrichene Töne. 1. Aufl. 1912, 2. Aufl. 1928, textlich verbessert, nebst 12 Bronzefarbtönen, weitere Aufl. 1930-1946. Verlag Paul Baumann (Sa.)

[5] Baumanns Neue Farbtonkarte-System Prase. Farbenblocks I, II und III mit den gleichen 1359 handgestrichenen Farbtönen auf Einzelblättern, 1. Aufl. 1912, 2.Aufl. 1914, weitere Aufl. seit 1928 mit rückseitig aufgedruckter prozentualer Angabe d. gebrauchten Mischfarben. Verlag Paul Baumann, Aue (Sa.)

[6] Chromograph. Vorrichtung zur mechanischen Variation (Transposition) gegebener Farbharmonien. Verlag Paul Baumann, Aue (Sa.) 1912

[7] 24 vollständig durchgeführte Farbentreppen (farbtongleiche Gruppen) als Ausstellungstableau für die Internationale Baufachausstellung in Leipzig 1913 ausgeführt, u. a. auf der Ausstellung des Deutschen Werkbundes 1914 in Köln ausgestellt

[8] Über Abstufung und Benennung der Farbtöne. In: Farbenzeitung 25. Jahrg. (1920) Heft 20 u. 39, Union Deutsche Verlagsgesellschaft Berlin *(Anm. v. O. P.: Hier wurden erstmals die aus zeichnerischen Kurven abgeleiteten Helligkeitsreihen nach ihren Berechnungsmethoden für optische und körperliche Mischung, die z.T. schon 1911 bei der Ausarbeitung der Baumann-Praseschen Farbkarten zur Anwendung gekommen waren, öffentlich eingehend dargelegt.)*

[9] Harmoniezeiger und Vergleichsschema gegenüber den Ostwald'schen Farbnormen, 1. Aufl. 1920 und 2. Aufl. 1923, zunächst im Eigenverlag Otto Prase, dann weitere Aufl. bis 1945 im Verlag Paul Baumann, Aue

[10] Ostwalds Farbenlehre und ihr Verhältnis zur gewerblichen Malerei. In: Malerzeitung. 42. Jahrg. (1921) Nr. 15, 16, 18, 20, 21 u. 28, Verlag Jüstel u. Göttel, Leipzig

[11] Der Farbenkreisel und seine Verwendung zur optischen Farbenmischung. In: Malerzeitung. 43. Jahrg (1922) Nr. 10 u. 11, Verlag Jüstel u. Göttel, Leipzig

[12] Neuer Farbenatlas mit 680 handgestrichenen Farbtönen aufgrund einer achtgliedrigen Trigonalreihe, dazu 24-tlg. Farbenkreis, 24 farbtongleiche Pyramiden, Farbenfächer (Farbenrad) mit 24 farbtongleichen Sektoren und 12 Farbkörperdurchschnitten, ausgeführt 1922/23, Verlag Paul Baumann, Aue 1922/23
(Anm. d. Hg.: Farbenfächer, ftgl. Pyramiden u. ä. Ausstellungsschauobjekte wurden erstmals auf dem Sächsischen Malertag 1923 in Pirna (Sa.) ausgestellt, seit 1932 zusammengefasst unter dem Titel «Der Schlüssel zur Farbenharmonie» und von Paul Baumann als «Baumanns Farbenatlas II» ohne Billigung und Wissen von Otto Prase verkauft.)

[13] Farbenmessung und Farbenordnung. In: «Die Mappe» Bd. 43 (1923) Nr. 31–34 *(Anm. d. Hg.: Grundlegende, vergleichende Schilderung der drei von Prase entworfenen Systeme (Farbentreppe, Farbenpyramide und Dreifarbenplan/Farbenwürfel)*

[14] Viola tricolor. In: „Fachblatt der Maler", 2. Jahrg. (1926) Beilage zu Heft 12, Hamburg *(Anm. O. P.: Der Aufsatz veranschaulicht besonders die Brauchbarkeit des Praseschen Farbensystems für botanische Zwecke und wurde dann noch in drei der angesehensten Malerzeitungen abgedruckt.)*

[15] Irrtum und Wahrheit. In: «Die Mappe» Bd. 49 (1929) Nr. 9
(Anm d. Hg.: Mit diesem Beitrag stellte Prase falsche öffentliche Behauptungen gegenüber seinem System richtig.)

[16] Alte und neue Farbkörper. Farbsysteme und Farbkörper. In: Technische Mitteilungen für Malerei 50. Jahrg. (1934) Heft 12
(Anm. d. Hg: Die Abhandlung zeigt u. a., wie der fast nur theoretisch angedeutete Kirschmann'sche Farbenkörper sich mithilfe der Baumann-Prase-Farbtonkarten praktisch verwirklichen lässt. Veranlassung hierzu gab die Schilderung des Kirschmann'schen und anderer Farbkörper durch den langjährigen Mitarbeiter Kirschmanns, Prof. F. Weissenborn in Nr. 2/3, 50. Jahrg. 1934)

[17] Ultra-Pastellfarbenkartei. 144 hellste Modetöne mit Aufstellvorrichtung, Einzelblätter mit Mischungsangaben auf der Rückseite. Selbstverlag Otto Prase Lößnitz (Erzgeb.) 1936

[18] Zur Farbensystematik. In: Farbenzeitung 41. Jahrg. (1936) Heft 19, Union Deutsche Verlagsgesellschaft Berlin *(Anm. v. O. P.: Der Artikel stellt in der Hauptsache falsche Behauptungen des Leiters der Ostwald GmbH richtig, die in Heft 2 des gleichen Jahrg. veröffentlicht worden waren.)*

[19] Ultra-Pastellfarbenblock. Dieselben 144 Farbtöne im Zweiklang geheftet. Selbstverlag Otto Prase Lößnitz (Erzgeb.) 1936

[20] Farbe, Kennzeichnung und Normung. In: «Die Mappe» Bd. 61 (1941) Nr. 3
(Anm. d. Hg.: ein Bericht über die Ausstellung «Die Farbe» in der Staatsbibliothek Berlin)

[21] Farbenbezeichnung und Farbenvergleiche. In: Farbenzeitung 46. Jahrg. (1941) Heft 24, Union Deutsche Verlagsgesellschaft Berlin
(Anm. v. O. P.: Ein Beitrag zur Frage der Deutschen Farbenkarte, der hauptsächlich die vielseitige Verwendbarkeit der Baumann-Praseschen Übersichtskarte für die verschiedensten wissenschaftlichen Zwecke nachweist.)

[22] Experimentalstudien zur Farbenlehre. Teil 1: Farbenpyramide frei nach Becke. 343 Buntausfärbungen auf Fließpabier und Textmanuskript, im Besitz der Preußischen Staatsbibliothek Berlin. Selbstverlag Otto Prase, Lößnitz

(Erzgeb.) 1941

[23] Desgl. Teil 2: Farbenwürfel frei nach Becke, sonst wie [22], Lößnitz (Erzgeb.) 1941

[24] Desgl. Teil 3: UNIFAKA – Vorschläge und Versuche zu einer Universal-Farbtonkarte auf Grund von Farbkreiselmessungen, ausgeführt mit Nagrafarben. Als Manuskript gedruckte textliche Ergänzung Lößnitz (Erzgeb.) 1946

[25] Desgl. Teil 4: Skizze eines Tausendteiligen Farbenwürfels nach dem Dreifarbensystem, dargestellt in 10 Farbmeßtafeln. Verbesserte Wiederholung der ersten Entwürfe aus den Jahren 1917 bis 1925 (Handausführung in wenigen Exemplaren), Text als Manuskriptdruck Otto Prase Lößnitz (Erzgeb.) 1945 (Anm. d. Hg.: Vermutlich wurden nur 5–10 Exemplare gefertigt, ein Expl. davon verkaufte O. P. in die Schweiz, drei Exemplare verschenkte er Anfang der 50er-Jahre an das Polygraphische Institut Leipzig – eines davon blieb erhalten in der Professur Verfahrenstechnik und Medienvorstufe der Fakultät Medien der HTWK, aufgefunden 2011 – und ein leider unvollständiges Expl. im Stadtarchiv Lößnitz wurde 2005 der Sammlung Farbenlehre d. TU Dresden übergeben.)

[26] Desgl. Teil 5: 20 der wichtigsten Druckfarbenreihen in methodischer Abstufung. Manuskriptdruck Otto Prase Lößnitz (Erzgeb.) 1951

[27] Desgl. Teil 6: Entwurf einer Farbmeßkarte in Form eines 36-teiligen Farbenkörpers. Manuskriptdruck Otto Prase Lößnitz (Erzgeb.) 1952

[28] Aus den Lebenserinnerungen eines alten Malermeisters. (Fragment). Unveröffentl. maschinengeschr. Manuskript, 22 Seiten, undatiert, vermutlich 1954, Lößnitz (Erzgeb.)

II.2 Otto Prases Systementwicklungen

Prase 1912 > 1914

Baumanns Neue Farbtonkarte – System Prase 1. und 2. Ausgabe

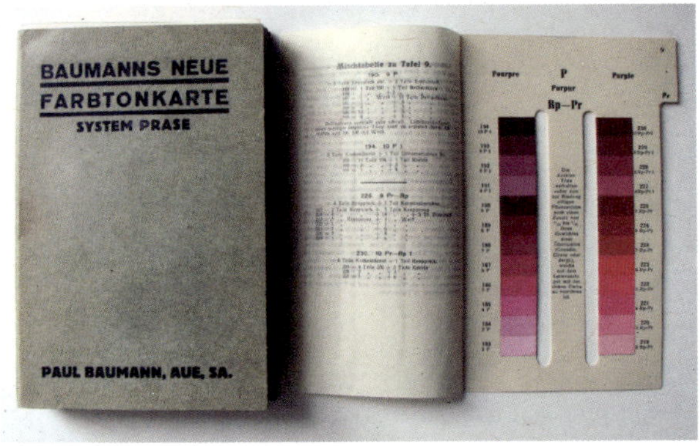

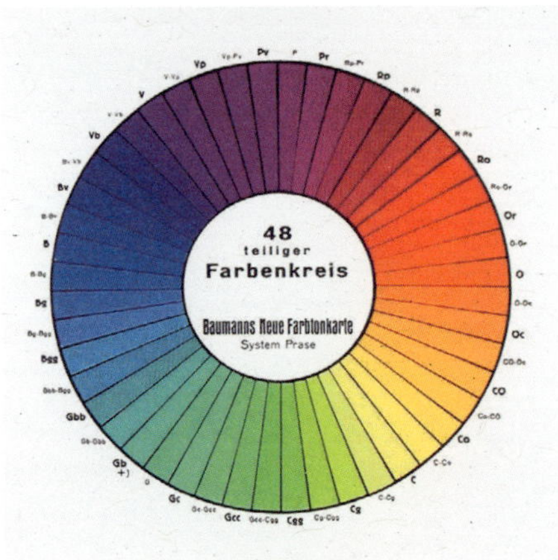

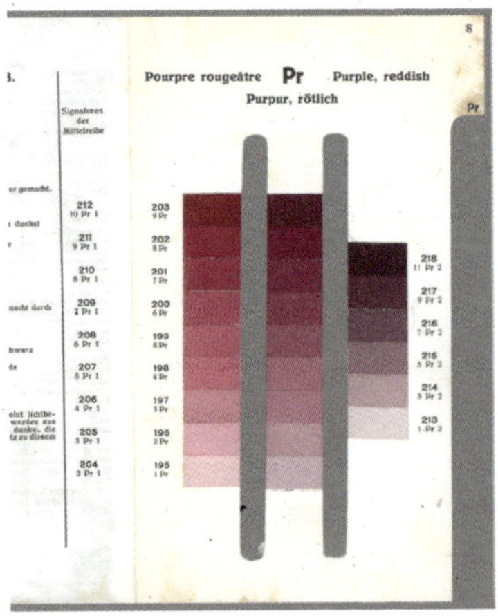

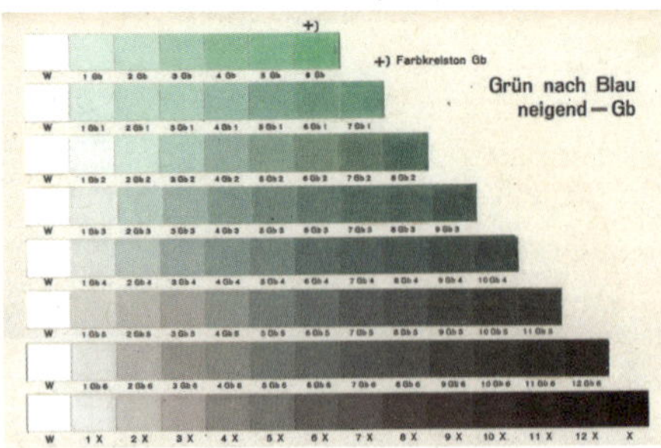

Prase 1923 > 1928

Harmonieanzeiger 1923 > Farbtonkarte 3. erw. Ausgabe 1928

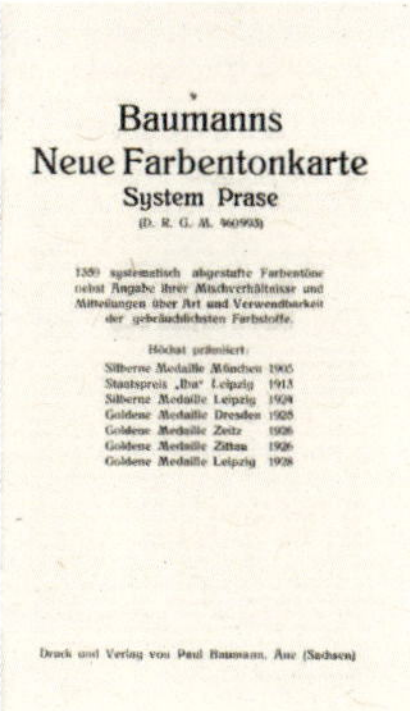

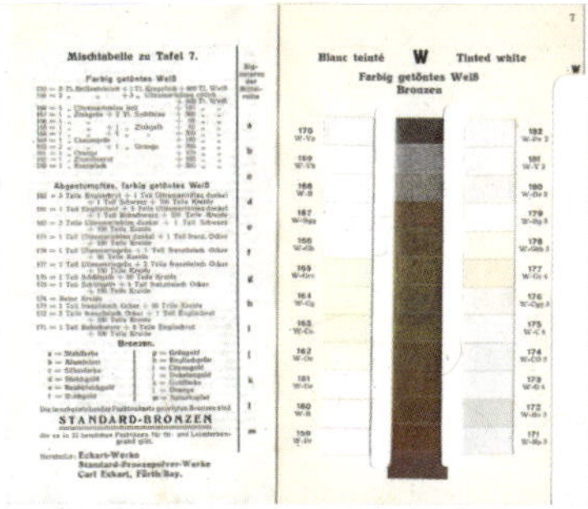

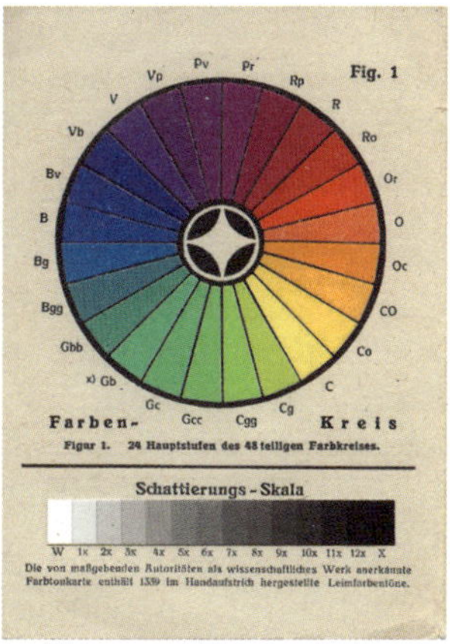

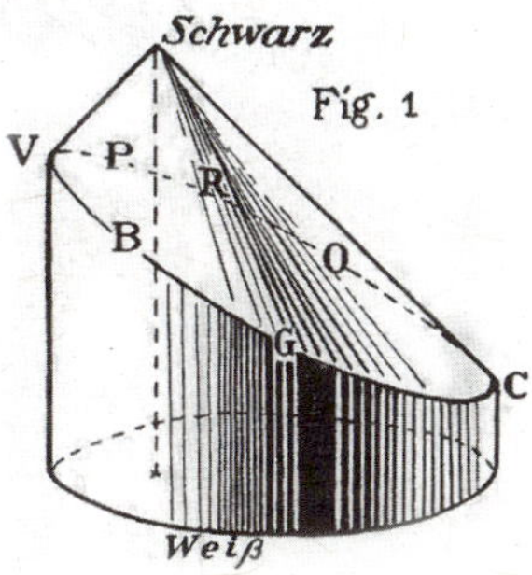

Prase 1922/23

Neuer Farbatlas > 24 Pyramiden > Fächer > Durchschnitte

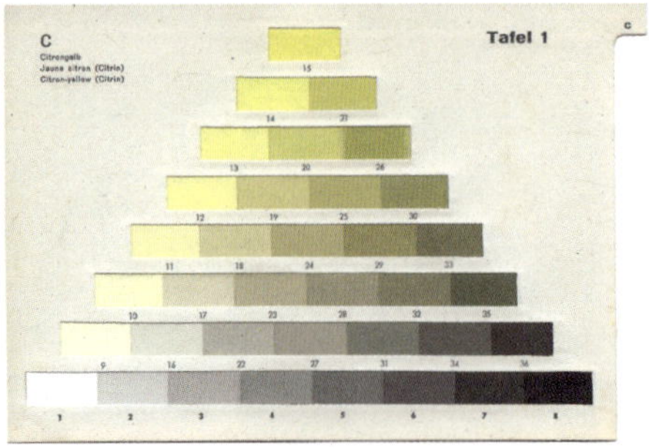

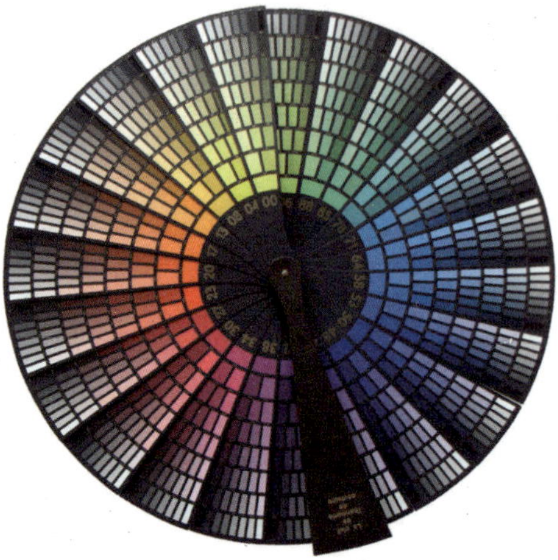

Fig. 1

Farbtongleiche Pyramide

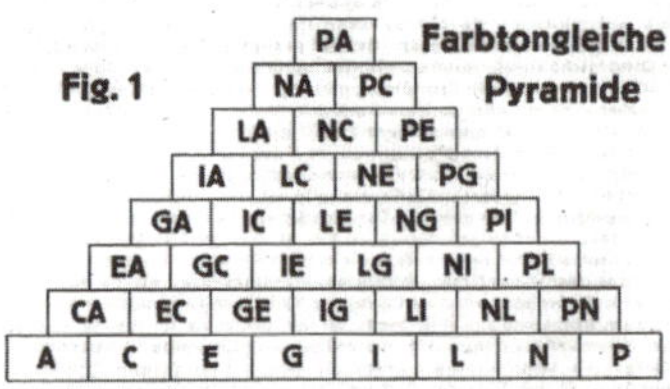

Gelochte Ausgabe für Philatelie

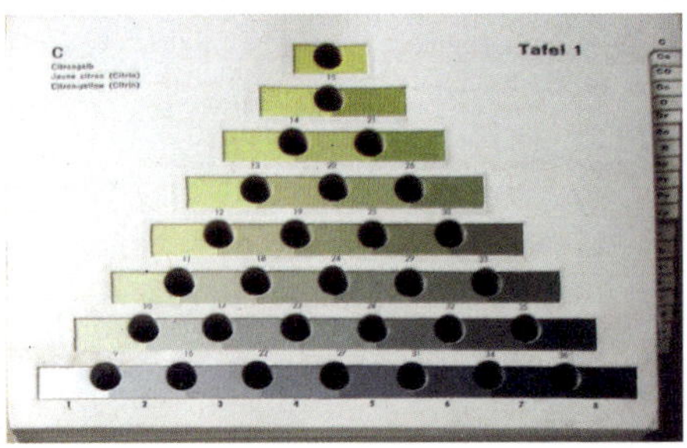

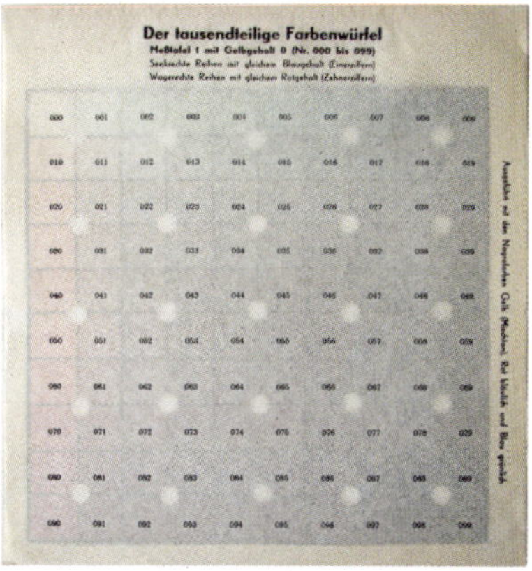

oben: Tafel 1: Notationen 000-099 (Gelb = 0)
links: Montage zum Würfel (Bendin 2024)
unten: Reihe der 10 Original-Tafeln (000-999)

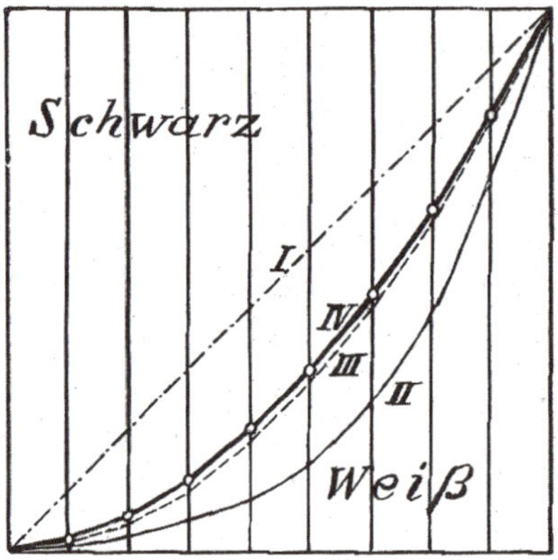

Figur 1

Kurven der optischen Mischung verschiedener Schwarz-Weiß-Reihen:

Linie I frei nach Brücke
Linie II frei nach Ostwald
Linie III frei nach Munsell
Linie IV nach Prase

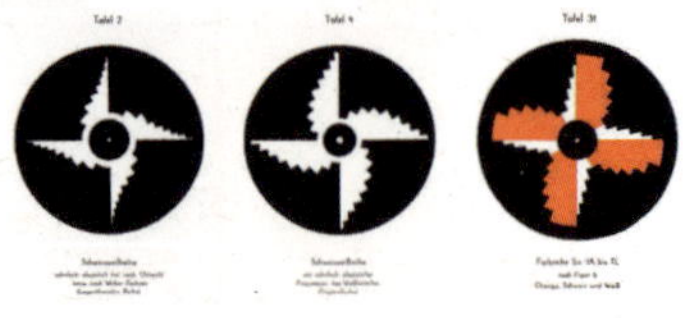

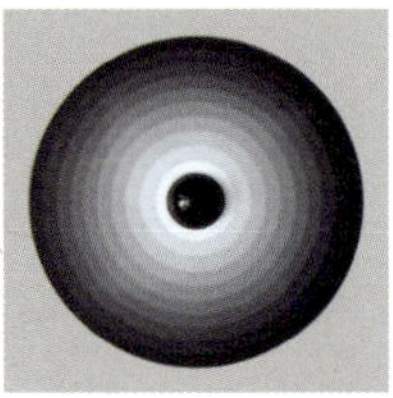

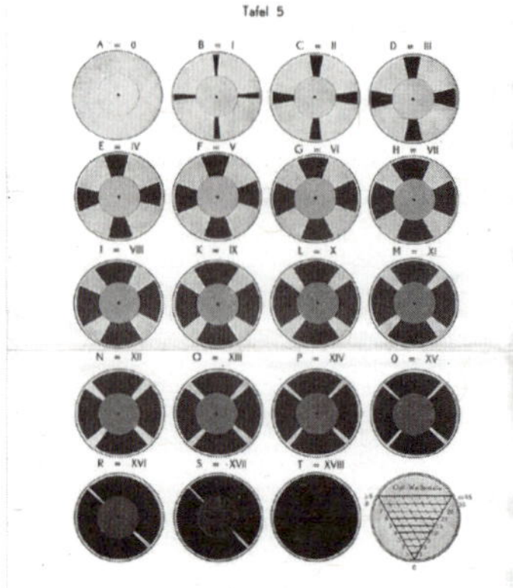

Darstellung der Schwarz-Weißanteile einer zehnstufigen Trigonalgraureihe durch Kreiselfiguren nebst deren neun Halbstufen.
Als letzte Figur progressive Zunahme der Weißanteile bei zehn Hauptstufen.

Figur 5

3. Ordnung der Abkömmlinge einer Farbenfamilie mit angeschlossener Graureihe

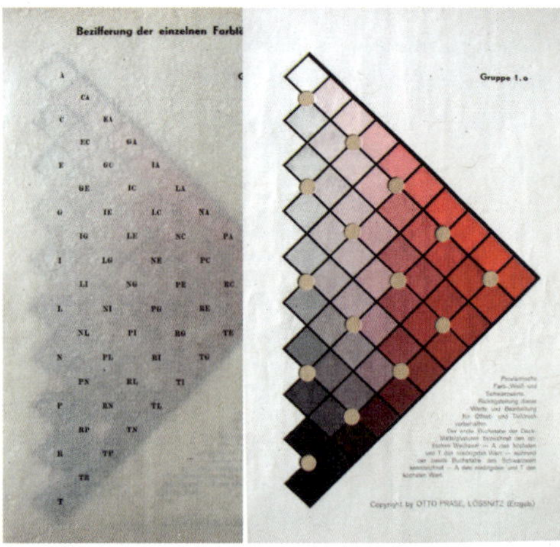

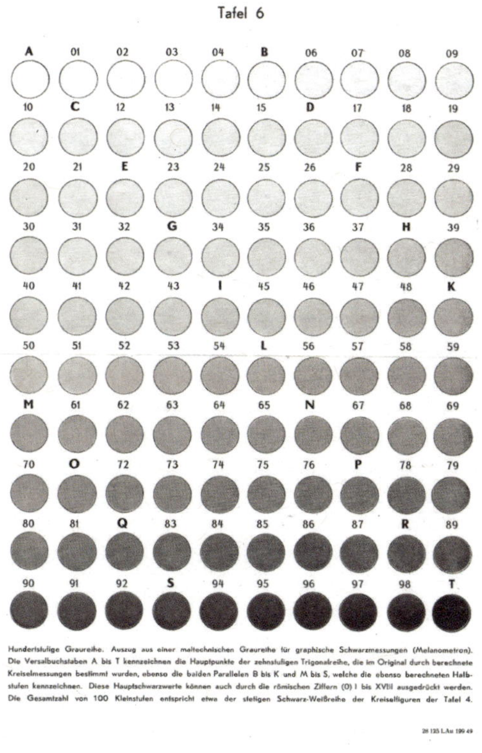

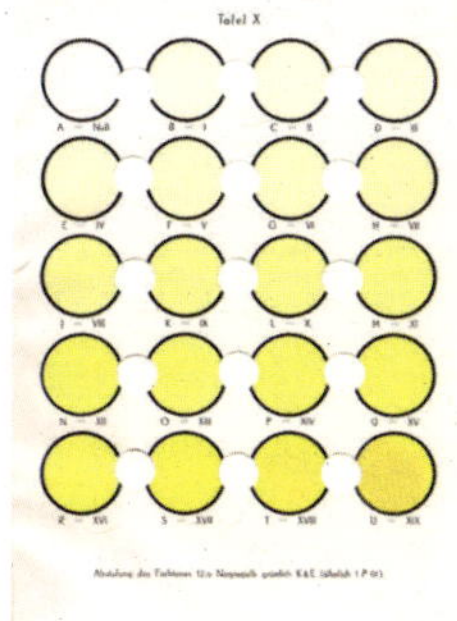

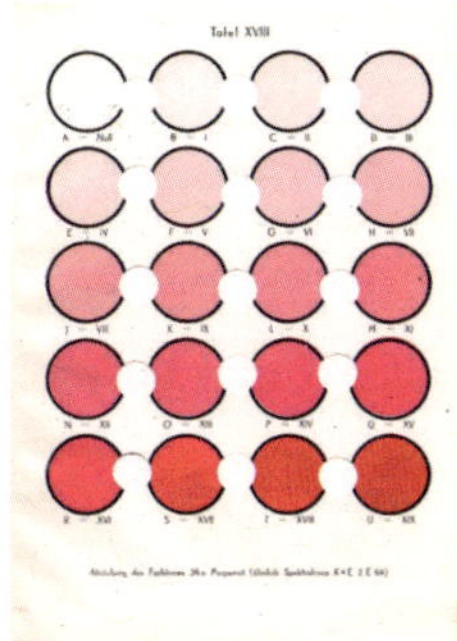

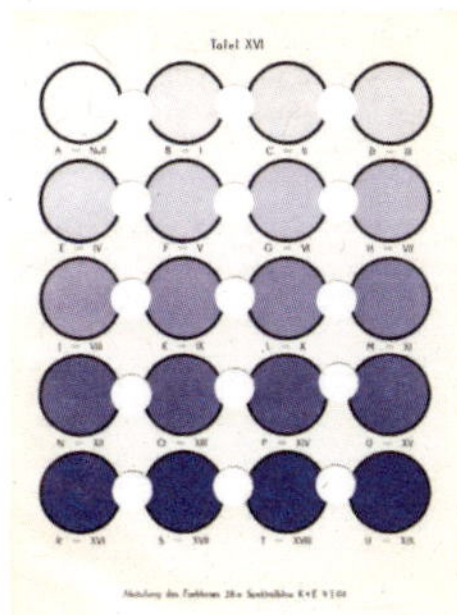

oben: 100-stufige Graureihe
rechts: Drei Abstufungsbeispiele mit Nagrafarben K & E, je 20-stufig
unten: 36-stufige Vollfarbenreihe

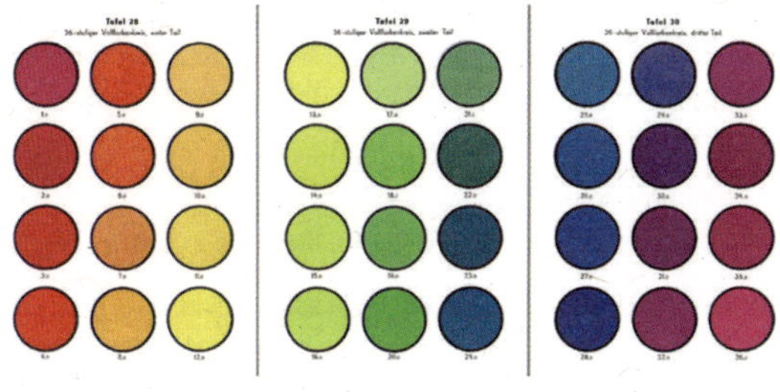

Ostwald 1917 und Folgejahre

Ftgl. Dreiecke, Farbkörper > Farbnormen > Meßwerkzeuge

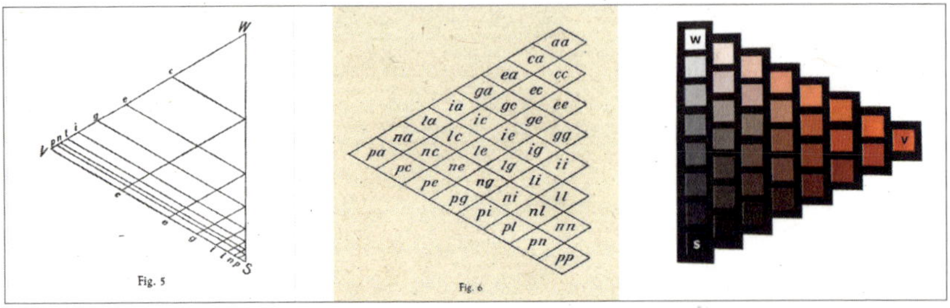

Ostwalds farbtongleiche Dreiecke (li.: das analytische Dreieck, logarithmisch gestuft)

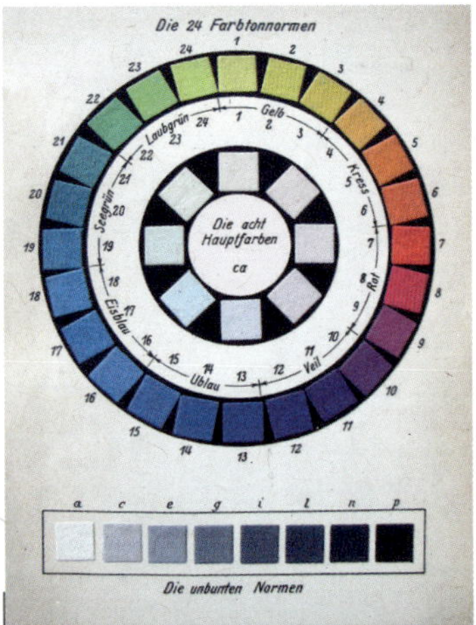

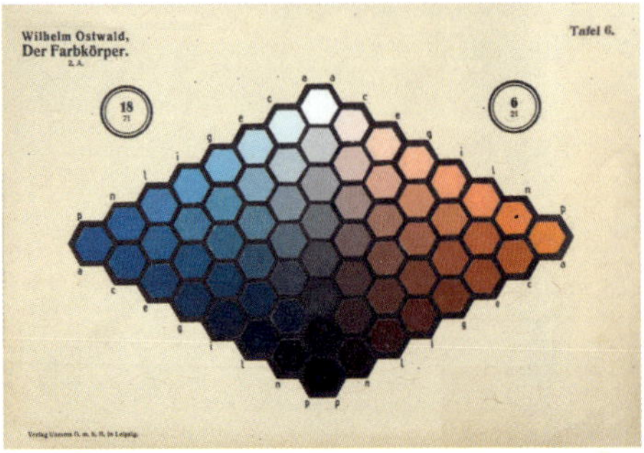

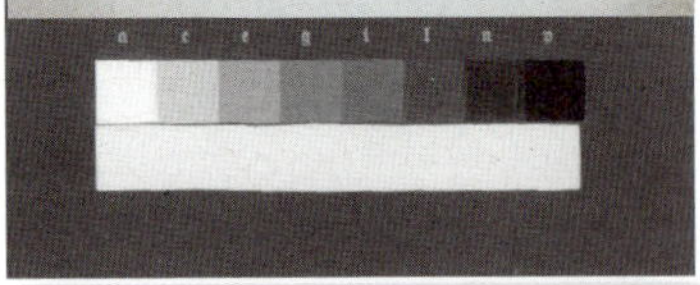

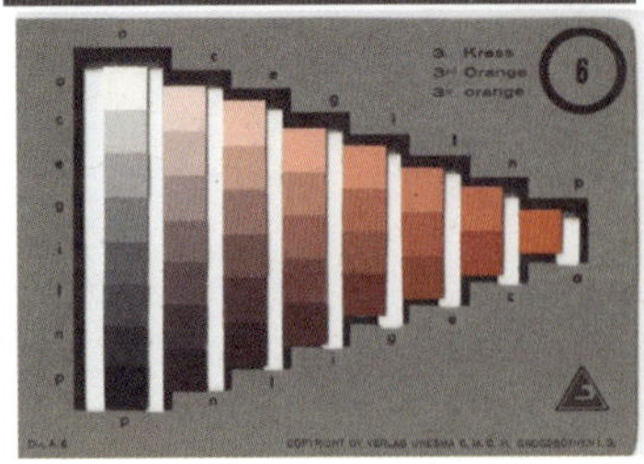

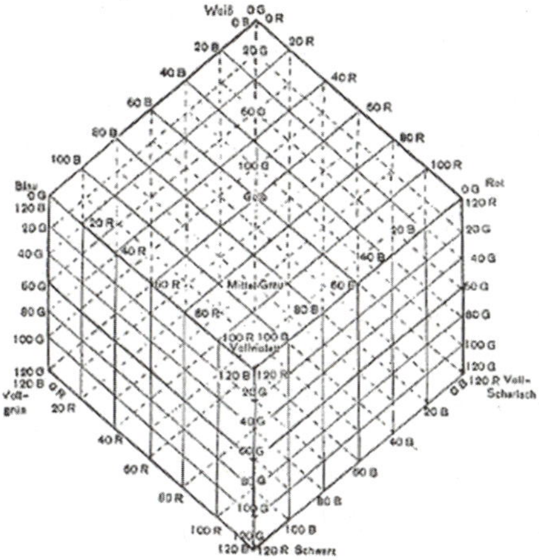

Siehe dazu auch Anmerkung 44: Krätke, Dresden 1912 > I.2 Anmerkungen und Bildergänzungen

Farbwürfel von Max Becke, Wien 1923

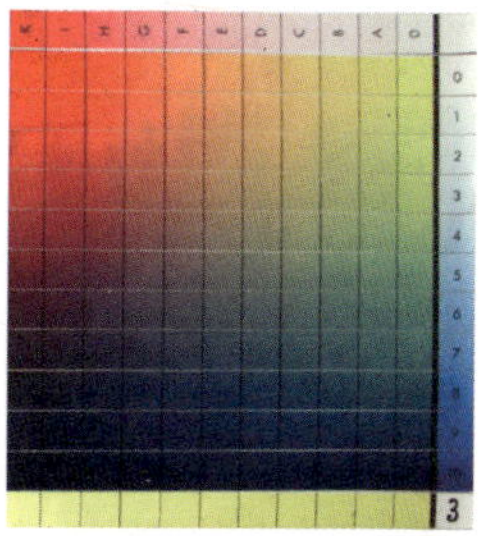

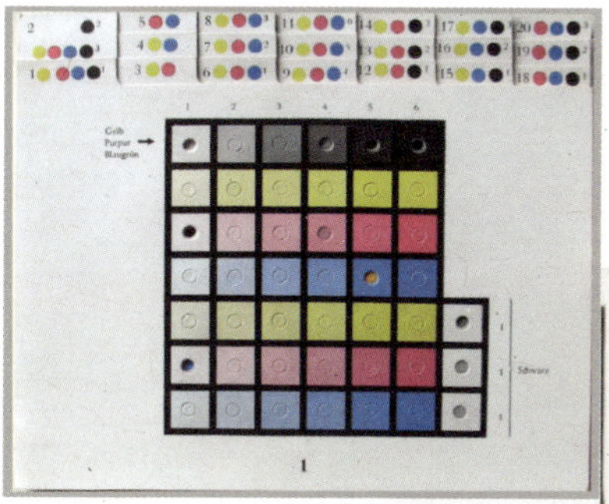

Farbtafeln von Carl Blecher, Lpz.,
rechts: 1932
links und unten: 20 Tafeln 1943

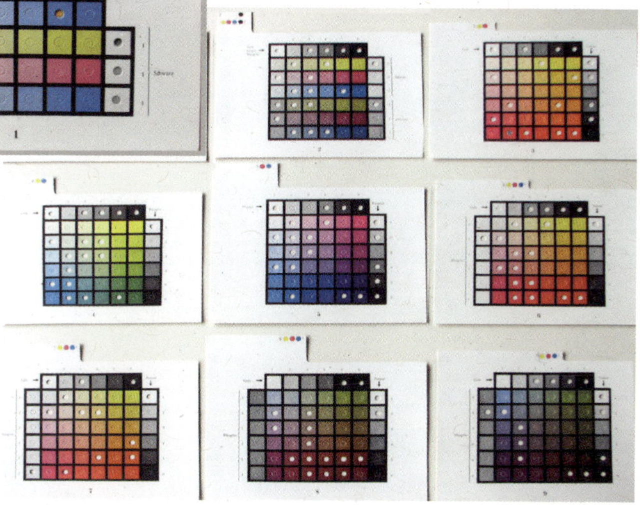

Hickethier 1943 > 1952/63/72 > Müller 1951

Druckfarbenwürfel > bzw. Würfelschnitte

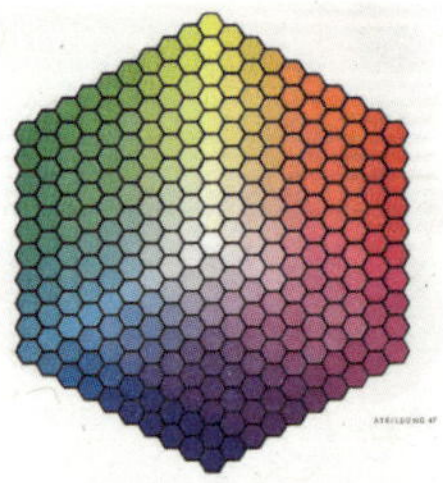

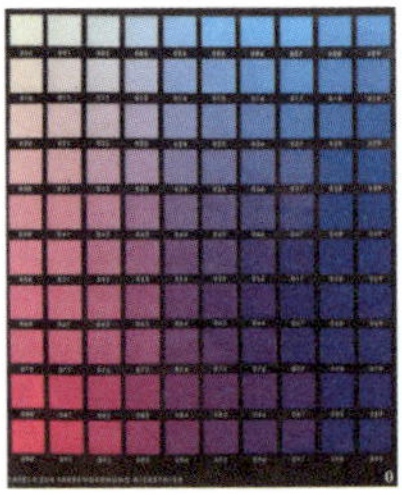

Alfred Hickethier,
links: FOH 1952 (nach 1943)
rechts: Einmaleins der Farbe 1963

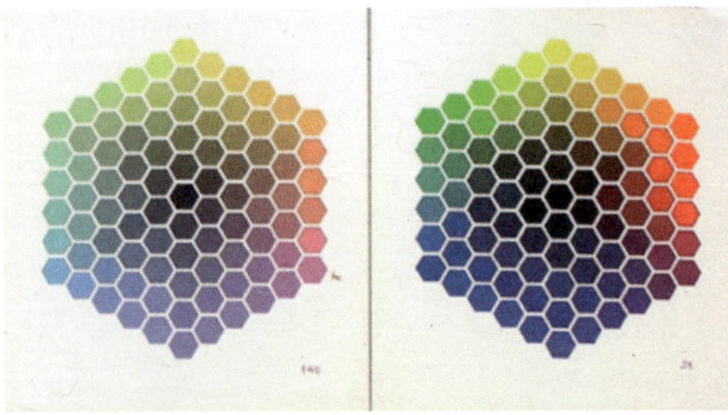

Mitte: Würfelmodell und Würfelschnitte nach Aemilius Müller, Winterthur 1951

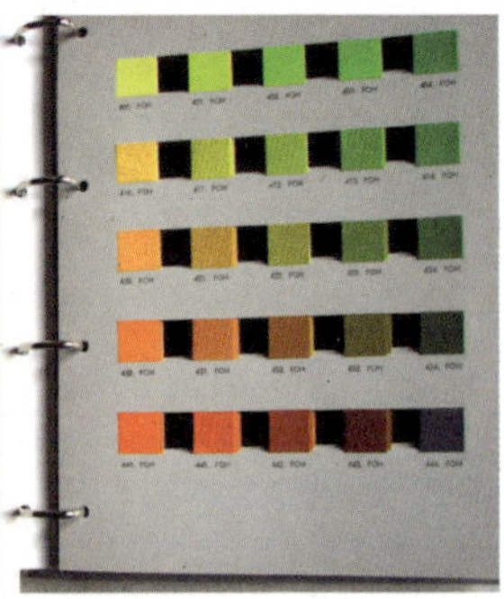

Die große FOH 1972
Herausgegeben v. S. Rösch

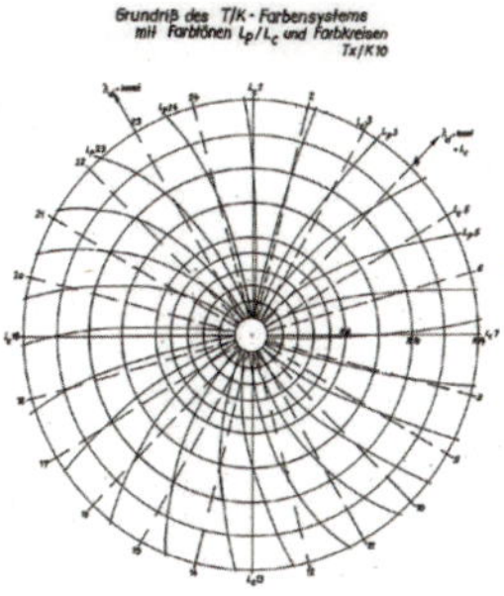

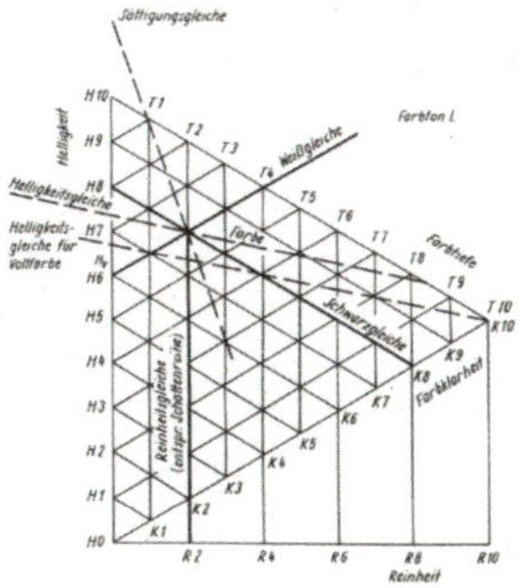

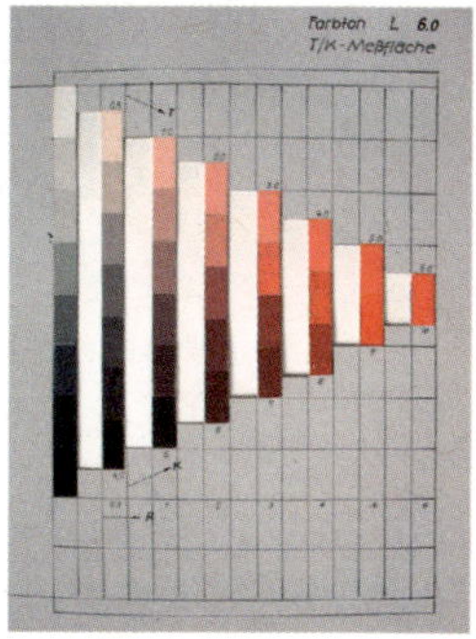

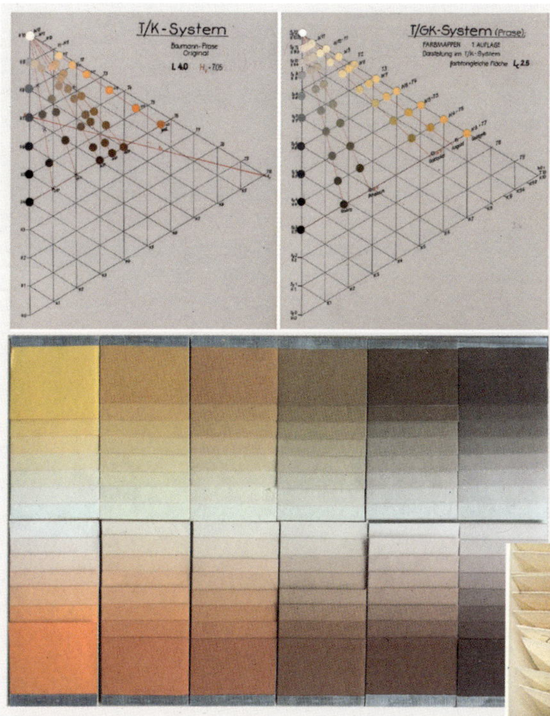

Manfred Adams T/K-Grundsystem (oben) als Grundlage seiner neuen Prase-Farbkarte (Farbmappe 1. Aufl. 1974, T/GK-System nach Prase), mit den Eichscheiben von Adam (unten rechts)

Eusemann 1975 > 1982/85/95

Ispo EuColor-System

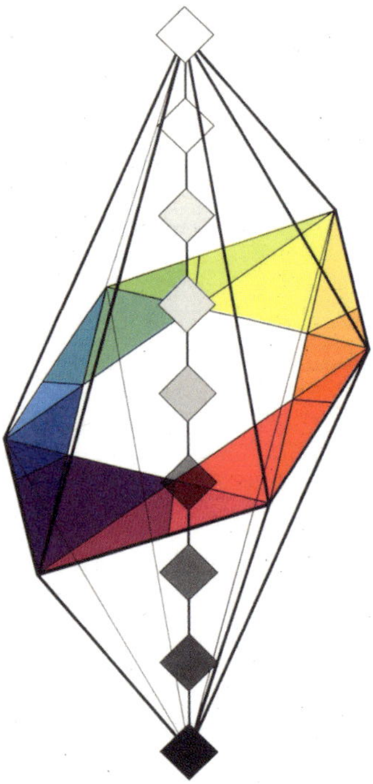

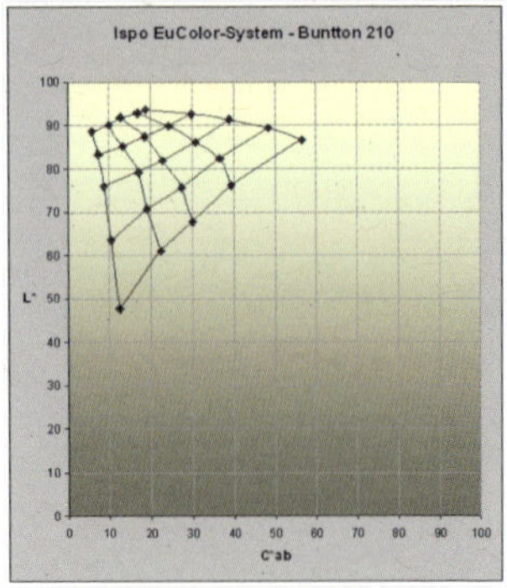

oben: Gelbe Bunttonebene 1995
unten: Gelbe Bunttonebene 1982

Quelle: A. Schwarz, 2007 [10]

Zeugner 1989

Erneuerte Prase-Karte

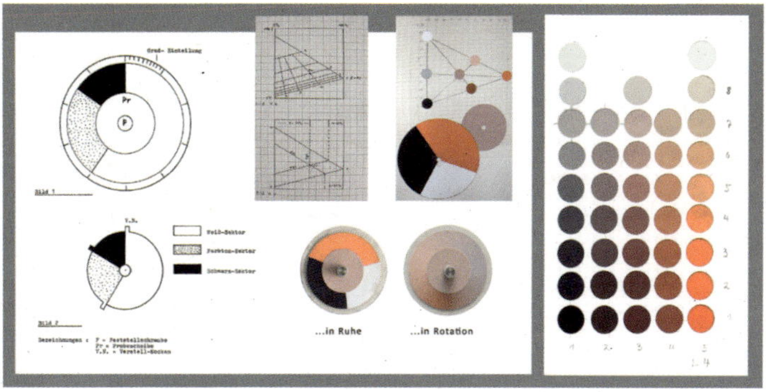

Gerhard Zeugner

Erneuerte Prase Farbktonarte 1987

Modell der Zylider-Schnittebenen

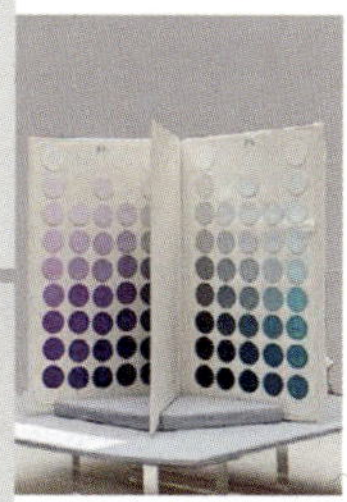

Vier der zwölf Schnitte:
L 14 - L 2
L 18 - L 6
L 22 - L 10
L 24 - L12

II.4 Bibliografie zur Prase-Rezeption

[1] Krais, Paul: Über die industrielle Verwertbarkeit der bis heute vorhandenen Verfahren u. Systeme der Messung u. Benennung von Farbtönen. Zeitschr. f. angew. Chemie 27 (1914) S. 25–40 sowie 2. Ausgabe mit gleichem Titel 1923 in: Archiv für Buchgewerbe und Gebrauchsgrafik 59 (1923) S. 233–240 *(Zunächst Empfehlung der Baumann-Prase-Farbtonkarte zum allgemeinen Gebrauch in Gewerbe und Industrie, 1923 dann Orientierung auf das System von Wilhelm Ostwald))*

[3] Zeugner, Gerhard: Farbenlehre für Maler. Berlin 1961, S. 64–75 *(Darstellungen zur TGL-Farbenkarte als Grundsystem unter Bezug auf Munsell, Baumann-Prase und Ostwald)*

[3] Frieling, Heinrich: Das Gesetz der Farbe. Göttingen/Zürich 1968, S. 60 *(Randnotiz zu Prases Pionierarbeit in Bezug auf den Druckfarbenwürfel)*

[4] Heinz, Frieder; Renner, Kurt: Farbensystem Baumann-Prase als Farbenblock FARAU. In: Farbe und Raum, 1972, Heft 5, 1968, S. 26 *(Beitrag zu Nachfolgeproduktionen der Fa. Baumann in der PGH Farbe und Raum in Aue)*

[5] Adam, Hartmut: Manfred Adam und die Farbsysteme. Westewitz-Allerstedt 1989 *(Dokumentation zu den Arbeiten von Manfred Adam insbes. an einem «Ästhetischen Grundsystem» auf der Grundlage von Helmholtz, Munsell, Prase, Ostwald u. Gerritsen)*

[6] Schwarz, Andreas: Die Lehren von der Farbenharmonie. Muster-Schmidt Göttingen-Zürich 1999, S. 272 u. 73 *(Kurze Besprechung des Harmoniewählers und des Farbenfächers von 1923)*

[7] Maurer, Ingeborg; Hansel, Karl: Die Farbenlehre Wilhelm Ostwalds. Der Farbenatlas. Sonderheft 8 der Mitteilungen d. Wilhelm-Ostwald-Gesellschaft zu Großbothen e.V. (2000), Briefwechsel Ostwald-Krais 1914–1916. S. 22–91 *(Mehrfache Erwähnungen von Baumann und Prase zu Absprachen und Einladung zu Ostwald nach Großbothen)*

[8] Oeser, Hannelore: Paul Baumann (1869–1961) Pionier der Farbenlehre. In: Kleine Chronik großer Meister. Erzgebirger, auf die wir stolz sind. Teil IV, Aue 2005, S. 46–51 *(Würdigung der Leistungen Baumanns, wobei die Zusammenarbeit mit O. Prase kurz erwähnt wird, Prase jedoch unzutreffend als «Malermeister aus Lößnitz»)*

[9] Bendin, Eckhard: Hoffen wir das Beste ... Anmerkungen zum 50. Todestag von Otto Prase (1874–1956). Vortrag zur gemeinsamen Jahrestagung der Deutschen farbwisssenschaftlichen Gesellschaft DfwG und des Deutschen Farbenzentrums DFZ 2006 an der TU Dresden

[10] Schwarz, Andreas: Stephan Eusemann und das Ispo EuColor-System. In: Phänomen Farbe. 27. Jahrg. (2007) Heft 07/08, S. 28–30, Düsseldorf

[11] Bendin, Eckhard: 50. Todestag eines fast vergessenen berühmten Lößnitzer Bürgers. In: Lößnitzer Heimatblatt Nr. 187 (2006), S. 6

[12] Bendin, Eckhard: Geschichtliche Facetten zur Wissenschaft von Licht und Farbe. In: Scheurmann, K. (Hg.): rot. grün. blau. Experiment in Licht & Farbe. Ilmenau 2008, S. 62–78,

[13] Kuehni, Rolf G., Schwarz, Andreas: Colored Ordered – A Survey of Color Order Systeme from Antiquity to the Present. Oxford University Press 2008, S. 256–259 *(Erste eingehende Würdigung der Pionierleistungen von Otto Prase in einem Standardwerk zur Farbsystematik.)*

[14] Bendin, Eckhard: Nachhaltige Impulse für Farbwissenschaft und Farbkunst. In: Scheurmann, K. (Hg.): color continuo 1810...2010 – System und Kunst der Farbe. Dresden 2009, S. 22–23

[15] Bendin, Eckhard: Zur Geschichte eines Klassikers. 100 Jahre Baumanns Neue Farbtonkarte – System Prase. Sonderdruck mit 2 Beiträgen aus Phänomen Farbe 12/2011 und 02/2012 u. einer Ergänzung zu den Erneuerungsbemühungen von M. Adam und G. Zeugner. Phänomen Farbe Düsseldorf, Dresden 2012

[16] Bendin, Eckhard: Zur Geschichte eines Klassikers der Farbtonkarten. Retrospektive zu einer Veranstaltungsreihe im Studio der Dresdner Sammlung Farbenlehre zur Entstehungs- u. Wirkungsgeschichte von Baumanns Neuer Farbtonkarte – System Prase, Aue/Sa. 1912. In: Mitteilungen der Wilhelm-Ostwald-Gesellschaft zu Großbothen, Jg. 18 (2013) H. 1, S. 35–51

[17] Sander, Reinhard: 125 Jahre Farben Schröder, Ilmenau 1888–2013: Firmenchronik. Ilmenau 2013, S. 27 ff.

[18] Bendin, Eckhard: Basisexperimente mit Kreiseln. Filmmodule zur Farbenlehre. Digipak mit DVD u. Begleitheft Historischer Exkurs Farbkreisel, edition bendin, Dresden 2014

[19] Bendin, Eckhard: Kreiselscheiben als historische und didaktische Instrumente. In: A. Karliczek, K. Scheurmann (Hg.): Gesprächsstoff Farbe. Beiträge aus Wissenschaft, Kunst und Gesellschaft. S. 554–561, Böhlau Verlag Köln 2017, S. 600–607

[20] Bergmann, Kati; Löw, Martina; Saamer, Kay: Forschung an bewegten Farbobjekten. In: A. Karliczek, K. Scheurmann (Hg.): Gesprächsstoff Farbe. Beiträge aus Wissenschaft, Kunst und Gesellschaft. S. 554–561, Böhlau Verlag Köln 2017, S. 618–631

[21] Bendin, Eckhard: Ostwalds Farbenfibel als Strukturschlüssel der Farbe und Meilenstein der Farbenlehre. Nachwort zur Neuausgabe der Farbenfibel von Wilhelm Ostwald (nach der 4.-5. Aufl. Unesma Leipzig 1920) im Verlag Favoritenpresse, Berlin 2023, S. 54–69

[22] Bendin, Eckhard: Schnittstelle Farbe. Beiträge zur Farbenlehre im Mitteldeutschen Raum – Folge 5 (Baumann, Prase, Rösch, Hickethier). In DfwG-Report 2024/3, S. 92–105,

[23] Sugiyama, Kunihiko: Color Compendium. 2.500 Years History of the Development of Color System traced in Color Diagrams. DWH Co. Ltd. Tokyo, Vorabdruck 2024, S. 104/105

Patrick Syme

Werners Nomenklatur der Farben Angepasst an Zoologie, Botanik, Chemie, Mineralogie, Anatomie und die Kunst

Dieses Buch verwendete Charles Darwin zur Farbbeschreibung auf seiner Reise auf der HMS Beagle! Es ist ein kulturhistorischer Schatz, bibliophil präsentiert. Vor dem Pantone-Farbfächer gab es Werners Nomenklatur der Farben. Von Schneeweiß bis zum schimmernden Blau des Eisvogels: Mit diesem Werk bestimmten Maler und Naturforscher einst die Farben der Natur. Welche Farbe hat die Ringelblume, der Zitronenfalter oder der Feuerstein? Um die Natur genau zu beschreiben, ist eine verbindliche Benennung der Farben unumgänglich. Aus diesem Grund hat Abraham Gottlob Werner im 18. Jahrhundert eine Nomenklatur entworfen, die 79 Farbtöne anhand von Fossilien genau beschreibt. Um das Farbsystem auch für andere Wissensgebiete und die Kunst anwendbar zu machen, hat der schottische Pflanzenmaler Patrick Syme im Jahr 1814 Werners Farbnomenklatur um 31 Farbtöne erweitert und mit Beispielen aus der Zoologie, Botanik, Chemie, Mineralogie und Anatomie ergänzt.

14 x 22,5 cm, 80 Seiten, 110 farbige Abb., geb.
ISBN 978-3-96849-062-5

Wilhelm Ostwald

Die Farbenfibel

Wilhelm Ostwald (1853–1932), Chemie-Nobelpreisträger und Naturforscher, verfasste 1916 seine Farbenfibel und hat sich damit in der Kultur- und Wissenschaftsgeschichte einen bleibenden Platz erobert. Seine Forschungen zur Farbe beeinflussten das Bauhaus und Generationen von Künstlern danach. Schon zu Lebzeiten Ostwalds erlebte die Farbenfibel 15 Auflagen und entwickelte sich schnell zu einem Bestseller. Eine wunderbare Wiederentdeckung!

Mit einem Nachwort von Eckhard Bendin.
16 x 21 cm, 72 Seiten, geb.
ISBN 978-3-96849-095-3

Eckhard Bendin
Farbe –
Geschichte, Systeme, Pioniere
17 x 21 cm, 192 Seiten,
zahlreiche farbige Abb., geb.
ISBN 978-3-96849-132-5

Farbe – Geschichte, Systeme, Pioniere

Ein Kaleidoskop zur Geschichte der Farbe

Goethe zeigte vor 200 Jahren in seinen Materialien zur Geschichte der Farbenlehre, dass die geistes- und kulturgeschichtlichen Dimensionen mit den wissenschafts- und technikgeschichtlichen in engster Verbindung stehen. Unser Wissen über die Natur des Lichtes sowie das Phänomen der Farbe zeigt stufenartige Erkenntnisgewinne, die stets auch neue Anwendungsfelder und -techniken befördert haben. In diesem reich illustrierten Buch nimmt uns der Autor mit in eben diese Geschichte der Farbforschung. Anhand von 33 maßgeblichen Protagonisten erzählt er die Geschichte derjenigen, die mit ihren Theorien einen wesentlichen Anteil an unserem heutigen Verständnis über Farbe und Farbsysteme haben: von Goethe über Schopenhauer, Klee, Kandinsky, Albers und Itten und bis in die heutige Zeit. Die umfangreiche Sammlung des Farbforschers und ehemaligen Leiters des Dresdner Farbenforums wird dabei besonders in den Vordergrund gehoben.

Bildnachweis

Die Verwendung der Abbildungen erfolgte weitgehend mit Einverständnis der Bildautoren bzw. der Autoren/Herausgeber der bezeichneten Quellen, (II.1 und II.4: Bibliografie zum Werk und zur Prase-Rezeption) sowie der Archive: Sammlung Farbenlehre an der TU Dresden (Nachlässe Prase, Baumann, Adam und Zeugner sowie Vorlass Bendin); Universitätsbibliothek Gießen (Nachlass Rösch); Privatsammlung Andreas Schwarz, Essen; Firmenarchiv Farbenschröder, Ilmenau, sowie die Familienarchive Prase und Baumann.

Sofern nicht Bildrechte o. g. Quellen bzw. Autoren/Herausgeber dagegenstehen, liegen die Bildrechte © beim Autor Eckhard Bendin, Dresden, vertreten durch die VG Wort und VG Bild-Kunst.

Impressum

ISBN 978-3-96849-133-2

Favoritenpresse, 2024
Favoritenpresse GmbH | Graefestraße 67 | 10967 Berlin

Gestaltung: Christin Albert, calbert.de
Korrektorat: Karolin Leyendecker, lektorat-leyendecker.de

Mehr Informationen zum Verlagsprogramm:
favoritenpresse.de